JN262347

事業者必携

ビジネスで活かせる
内容証明郵便
最新109文例

弁護士
奈良 恒則 監修

三修社

本書に関するお問い合わせについて
本書の内容に関するお問い合わせは、お手数ですが、小社
あてに郵便・ファックス・メールでお願いします。
なお、執筆者多忙により、回答に1週間から10日程度を
要する場合があります。あらかじめご了承ください。

はじめに

　ビジネスの現場では、相手方との間でさまざまな交渉を行います。商品の売買、不動産の賃貸、債権の回収、株主への説明など、その種類は多岐にわたります。

　すべてが事なきを得てくれればそれに越したことはないのですが、ビジネスにおいては、トラブルを避けて通ることはできないのが通常でしょう。起きてしまったトラブルは解決しなければなりません。

　トラブルを解決する法的手段というと、「訴訟」が頭に思い浮かぶ人が多いかもしれませんが、実際のところ、訴訟は長い時間、多額の費用、そして大きな労力がかかります。さらに、大事にするよりもできるだけ穏便に済ませたいと思うケースも多いはずです。

　そのような場合に役に立つのが内容証明郵便です。内容証明郵便とは、郵便事業株式会社が、郵便の差出人・受取人、文書の内容を証明する特殊な郵便です。手紙の内容を公的に証明してもらうことができるため、後々の裁判などでも有力な証拠となります。

　さらに、受け取った相手方にある程度の心理的プレッシャーをかけることもできます。内容証明郵便は、トラブル解決にたいへん有効な方法といえるのです。

　実務でも、重大なトラブルが起こって困難を極めていたものが内容証明郵便一本で解決したというケースがあります。仕事でさまざまな取引にかかわる人はどんな場面でどのような内容証明郵便を作成するのが有効なのかについて理解しておくことが大切です。

　本書ではビジネスで生じるトラブルのうち、会社経営、人事・労務、一般的なビジネス契約、債権回収、知的財産権侵害、不動産売買・賃貸の各分野において、内容証明郵便を使って解決した方がよいと思われるケースを選び、解決のための法律知識と文例を掲載しました。

　本書を縦横無尽にご活用頂き、みなさまのトラブル解決のお役にたてれば幸いです。

監修者　弁護士　奈良　恒則

Contents

はじめに

序章　内容証明郵便の書き方・出し方

1. トラブルになったらまず内容証明郵便を出してみる　　12
2. 内容証明郵便の書き方はどうする　　15
3. 電子内容証明郵便の書き方はどうする　　23

第1章　会社経営

1. 株主が株主総会の議題を提案する　　28
2. 株主が会社に対して株主総会の招集を請求する　　30
3. 株主が会社に対して株主名簿の閲覧を請求する　　32
4. 株主名簿の閲覧請求に対する回答を拒否する　　34
5. 株主が会社に対して計算書類・会計帳簿等の閲覧を請求する　　36
6. 計算書類・会計帳簿等閲覧請求に対する回答を拒絶する　　38
7. 取締役が会社に対して取締役を辞任する旨の通知をする　　40
8. 会社が取締役に対して解任を通知する　　42
9. 取締役を解任されたことへの損害賠償の請求をする　　44
10. 株主が会社に取締役の責任追及訴訟を提起するよう請求する　　46
11. 会社が取締役に対して損害賠償を請求する　　48
12. 会社の金銭を使い込んだ取締役に対する損害賠償請求書　　50
13. 利益供与をした取締役に損害賠償を請求する　　52
14. 会社が元取締役に対して競業の差止めを請求する　　54
15. 株主が取締役の行為の差止めを請求する　　56
16. 監査役が取締役の違法行為の差止めを請求する　　58
17. 取引先が取締役に対して損害賠償を請求する　　60
18. 不良取締役が退職したことを取引先に知らせる　　62
19. 株主が会社に対して株券不所持を申し出る　　64

20 株主が会社に対して株式譲渡の承認を請求する	66
21 株式譲渡の申し出に対する不承認の回答	68
22 株主が会社に対して新株発行の差止めを請求する	70
23 事業譲渡に反対する株主が会社に対して株式買取を請求する	72
24 退任後に社内の機密を漏えいした元取締役に対する損害賠償請求	74
Column　消費者を保護する法令がある	76

第2章　人事・労務

1 会社が採用内定者に対して内定を取り消す旨を通知する	78
2 試用期間中の労働者を解雇する	80
3 身元保証人に本人の任地変更を知らせるとき	82
4 名ばかり管理職を理由とする残業代の支払請求に反論する	84
5 セクハラの訴えに反論する	86
6 パワハラの訴えに反論する	88
7 過激な要求をしてくる労働組合に対する警告書	90
8 不正行為のあった従業員を懲戒解雇する	92
9 社内の機密を持ち出した社員に対する警告書	94
10 退社した社員に貸与品の返還を請求する	96
11 労働者派遣契約を解除する	98
Column　問題社員の解雇のしかた	100

第3章　ビジネス契約一般

1 商品の売買代金を請求する	102
2 顧客に対する代金支払請求	104
3 商品の売掛代金の請求をする	106
4 他人の所有物と知らずに買った商品の代金支払請求を拒否する	108
5 理由をつけて代金支払を拒否する相手に代金供託を請求する	110
6 未受領商品の代金請求に対して「商品との引換時に」と回答する	112
7 納品請求をする	114
8 請負人が目的物を引き渡した後に請負代金を請求する	116
9 企業間の継続的取引関係を解消する	118
10 契約解除による損害の賠償を請求する	120

11 追認の有無確認の催告をする　　　　　　　　　　　122
12 商取引における基本契約の更新を拒絶する　　　　124
13 ネットオークションのトラブルで契約を解消する　126
14 フランチャイズ契約を解除する　　　　　　　　　128
15 メーカーが消費者からの製造物責任追及に対して回答する　130
16 債務不履行を理由に売主が契約を解除して商品返還を請求する　132
17 商品の引渡しが遅れていることを理由に買主が契約を解除する　134
18 リース契約の解除と残リース料金支払請求を同時にする　136
19 買主からの商品修理または交換請求に対して売主が回答する　138
20 割賦販売契約において買主に月賦代金の支払いを請求する　140
21 本人と連帯保証人に同文で月賦代金を請求する　　142
22 分割払いの期限の利益を喪失した借主に一括返還を請求する　144
23 委任事務処理の状況報告を求める　　　　　　　　146
24 委任事務処理の報酬を請求する　　　　　　　　　148
Column　粉飾決算は違法行為である　　　　　　　150

第4章　債権の回収・担保

1 債権を第三者に譲渡したことを債務者に通知する　152
2 債権の譲受人が債務者に譲り受けた債権の支払いを請求する　154
3 債権譲受人からの支払請求を拒否する　　　　　　156
4 相殺を通知する場合　　　　　　　　　　　　　　158
5 販売代金債務と手形金債権を相殺する　　　　　　160
6 借主が消滅時効を援用して貸主からの支払請求を拒絶する　162
7 消滅時効を主張する債務者に時効中断を理由として再請求をする　164
8 債権を放棄する　　　　　　　　　　　　　　　　166
9 手形所持人が裏書人に手形の不渡りを通知する　　168
10 手形所持人が裏書人に手形金の支払いを請求する　170
11 代金未回収による損害賠償を相手企業の代表取締役に請求する　172
12 抵当権者が転抵当権の設定を債務者に通知する　　174
13 抵当権消滅請求の通知をする　　　　　　　　　　176
14 根抵当権設定者が元本確定を根抵当権者に対して請求する　178
15 根抵当権設定者が根抵当権の極度額の減額を請求する　180
16 第三取得者が根抵当権の消滅を請求する　　　　　182

17 債権者が債権質を設定した旨を債務者に通知する	184
18 譲渡担保権を実行する	186
19 譲渡担保実行による清算金の通知をする	188
Column　債権が時効にかかることもある	190

第5章　知的財産権侵害

1 特許権を侵害している会社に商品の販売中止などを請求する	192
2 実用新案権を侵害している会社に侵害行為を中止するよう警告する	194
3 実用新案権侵害についての警告書に対して回答する	196
4 商号の使用中止を請求する	198
5 商号の使用中止請求に対して回答する	200
6 商標権を侵害している者に対して商品の販売中止を要求する	202
7 商標権侵害についての警告書に対して回答する	204
8 著作権を侵害している者に対して謝罪文を掲載するよう請求する	206
9 著作権侵害についての警告書に対して回答する	208
10 キャラクター権の侵害者に商品の製造販売の中止を警告する	210
11 広告への社名掲載の中止を請求するとき	212
12 コンピュータソフトを違法コピーしている会社に対して警告する	214
Column　著作権法の改正	216

第6章　不動産売買・賃貸

1 農地法上の許可手続を催告する	218
2 権利の瑕疵による解除をする	220
3 土地代金の支払いを請求する	222
4 売主の手付金倍返しにより売買契約を解除する	224
5 買主が売主に対して不動産を引き渡すよう催告する	226
6 土地の面積が契約書の記載より少ないので代金減額請求をする	228
7 売買契約を解除した後に買主に抹消登記手続を請求する	230
8 土地売買の予約を本契約にする	232
9 手付金放棄による契約解除に異議を申し立てる	234
10 登記手続請求と契約解除通告を同時にする	236
11 家賃の支払を請求する	238

12 駐車料金の支払いを請求する	240
13 貸主が借主に家賃の値上げを申し入れる	242
14 借地人が供託した供託金を地主が受け取る	244
15 家主が借家人の家賃滞納のため契約を解除する	246
16 契約に定めのある解除権を行使して契約を解除する	248
17 期間の定めのない契約の解除通知に反論する	250
18 賃貸人が定期借家契約を終了させる	252
19 貸主が建物賃貸借契約の更新を拒絶する	254

▶▶▶ 収録文例リスト ◀◀◀

株主総会議題提案通知書	29
株主総会招集請求書	31
株主名簿閲覧請求書	33
株主名簿の閲覧請求に対する回答書	35
計算書類・会計帳簿等閲覧請求書	37
計算書類・会計帳簿等閲覧請求に対する回答書	39
取締役を辞任する旨の通知書	41
解任通知書	43
取締役を解任されたことへの損害賠償請求書	45
株主が責任追及訴訟の提起を求める請求書	47
取締役に対する損害賠償請求書	49
金銭を使い込んだ取締役に対する損害賠償請求書	51
利益供与をした取締役への損害賠償請求書	53
元取締役に対しての競業の差止請求書	55
取締役の行為の差止請求書	57
取締役の違法行為の差止請求書	59
取引先から取締役に対しての損害賠償請求書	61
退職したことを取引先に知らせる通知書	63
株券不所持申出書	65
株式譲渡承認請求書	67
株式譲渡の申し出に対する回答書	69
会社に対してする新株発行の差止請求書	71
会社への株式買取請求書	73
社内の機密を漏えいした元取締役に対する損害賠償請求書	75
内定を取り消す旨の通知書	79
解雇予告通知書	81
身元保証人に本人の任地変更を知らせる通知書	83
残業代の支払請求に反論する通知書	85
セクハラの訴えに反論する回答書	87

パワハラの主張に対する回答書	89
過剰な要求をしてくる労働組合への警告書	91
不正行為のあった従業員を懲戒解雇する旨の通知書	93
社内の機密を持ち出した社員に対する警告書	95
貸与品の返還請求の通知書	97
労働者派遣契約の解除通知書	99
商品の売買代金の請求書	103
顧客に対する代金支払請求書	105
商品の売掛代金の請求書	107
商品の代金支払請求を拒否する通知書	109
代金支払を拒否する相手への代金供託請求書	111
未受領商品の代金請求に対しての回答書	113
納品請求書	115
請負代金の支払請求書	117
継続的取引関係の解消通知書	119
契約解除による損害賠償請求書	121
追認の有無を確認する催告書	123
基本契約の更新拒絶通知書	125
契約解消通知書	127
フランチャイズ契約の解除通知書	129
消費者からの製造物責任追及に対しての回答書	131
契約の解除・商品返還の請求書	133
商品引渡しの遅れを理由にする契約解除通知書	135
リース契約解除・残リース料金支払請求書	137
商品修理または交換請求に対する回答書	139
月賦代金支払請求書(本人への請求)	141
月賦代金支払請求書(本人と連帯保証人への請求)	143
分割払いの期限の利益を喪失した借主への一括返還請求書	145
委任事務処理の報告要求書	147
委任事務処理の報酬請求書	149
債権譲渡通知書	153
譲り受けた債権の支払いを請求する通知書	155
債権譲受人からの支払請求への回答書	157
売買代金債務を相殺する通知書	159
販売代金債務と手形金債権の相殺通知書	161
消滅時効を援用して貸主からの支払請求を拒絶する通知書	163
時効中断を理由とする再請求書	165
債権を放棄する通知書	167
手形所持人が行う裏書人に対する不渡り通知書	169
裏書人に手形金の支払を求める請求書	171
代金未回収による損害賠償を求める請求書	173
転抵当権の設定通知書	175
抵当権消滅請求の通知書	177

根抵当権の元本確定を求める請求書	179
根抵当権の極度額の減額を求める請求書	181
第三取得者が根抵当権の消滅を求める請求書	183
債務者に対する債権質を設定した旨の通知書	185
譲渡担保権の実行通知書	187
譲渡担保実行による清算金支払いについての通知書	189
特許権を侵害している会社に商品の販売中止を求める差止請求書	193
実用新案権を侵害している会社に侵害行為の中止を求める請求書	195
実用新案権を侵害していないことを伝える回答書	197
商号の使用中止を請求する通告書	199
商号の使用中止請求に応じられないことを伝える回答書	201
商標権を侵害している者への商品の販売中止を求める請求書	203
商標権を侵害していないことを伝える回答書	205
著作権を侵害している者に対して謝罪文の掲載を求める請求書	207
著作権を侵害していないことを伝える回答書	209
キャラクター権の侵害者に商品の製造販売の中止を求める請求書	211
自社の社名を広告に掲載することの中止を求める通知書	213
コンピュータソフトを違法コピーしている会社に対する警告書	215
農地法の許可手続を催告する通知書	219
権利の瑕疵による解除通知書	221
土地代金の支払請求書	223
売買契約の解除通知書	225
不動産引渡しの催告書	227
代金減額請求書	229
抹消登記手続請求書	231
売買予約完結権通知書	233
契約解除が認められないことを伝える通知書	235
登記手続請求と共に契約解除について記載する通知書	237
家賃の支払請求書	239
駐車料金の支払請求書	241
家賃の値上げ申入書	243
供託金を受け取った旨の通知書	245
家賃滞納による契約解除の通知書	247
解除権を行使して契約を解除する通知書	249
解除通知に対する異議申立書	251
定期借家契約の終了通知書	253
賃貸借契約の更新拒絶通知書	255

序章

内容証明郵便の書き方・出し方

1 トラブルになったらまず内容証明郵便を出してみる

法的効力はないが心理的プレッシャーを与えることができる

内容証明郵便とは

内容証明郵便は、誰が・いつ・どんな内容の郵便を・誰に送ったのか、を郵便事業株式会社が証明してくれる特殊な郵便です。

郵便は、正確かつ確実な通信手段ですが、それでも、ごく稀に何らかの事故で配達されない場合もあります。一般の郵便ですと、後々「そんな郵便は受け取っていない」、「いや確かに送った」、というような事態が生じないとも限らないわけです。内容証明郵便を利用すれば、そうした事態を避けることができます。

たしかに、一般の郵便物でも書留郵便にしておけば、郵便物を引き受けた時から配達されるまでの保管記録は郵便局に残されます。しかし、書留では、郵便物の内容についての証明にはなりません。その点、内容証明郵便を配達証明付ということにしておけば間違いがありません。郵便物を発信した事実から、その内容、さらには相手に配達されたことまで証明をしてもらえます。これは、後々訴訟になった場合に、強力な証拠になります。

内容証明郵便のメリット

内容証明郵便には以下のようなメリットがあります。

① **心理的圧迫、事実上の強制の効果がある**

内容証明郵便には、心理的圧迫や事実上の強制の効果があります。「こととしだいによっては裁判も辞さない」といった差出人の堅い決意がそこから読みとれることが多く、強烈な心理的効果をもちます。

② 差出人の真剣さが伝わる

①とも重なりますが、通常の手紙ではなく、あえて内容証明郵便を送付したということから、相手方に対し、裁判も辞さないといった差出人の堅い決意・真剣な態度を示すことができます。停滞した交渉を進展させる契機となることもありえます。

内容証明郵便は、特殊な郵便物です。相手側からすれば、一方的に通知を受け取るのですから、「この通知が特殊な効力をもっているのではないか、このままではまずい」と不安になり、何らかのアクションを起こしてくることがあります。

③ 証拠作りのために利用できる

後々の訴訟などの法的手段に備えて、証拠づくりのために内容証明郵便を送付することがあります。

■ 内容証明郵便の使い方

①代金や貸金の支払請求	何度請求してもいっこうに代金や貸金を返済してこない債務者に対しては、内容証明郵便で強く支払請求の意思を示す。
②各種損害賠償の請求	取引上発生した損害の賠償請求だけではなく、交通事故や離婚などにもとづく損害賠償・慰謝料請求についても、内容証明郵便を利用することができる。
③契約の解除	悪質商法などクーリング・オフによる解除ができる場合に、クーリング・オフを内容証明郵便で行うことで期間内にクーリング・オフをしたことを証明できる。
④商号権、商標権、著作権などの侵害に対する警告・差止請求	警告や差止という言葉に強いプレッシャーを感じる場合がある。

Q 謄本を紛失したような場合にはどうしたらよいのでしょうか。

A 差出人が保管していた謄本を紛失したり滅失してしまった場合、一定の要件の下で、郵便局で再度証明してもらうことができます。まず、内容証明郵便を受けた日から5年以内であることが必要です。これは、郵便局が受け付けた内容証明謄本を保管する期間が5年となっているためです。また、再度証明してもらうことができるのは、差出人だけです。この際、内容証明郵便が受け付けられたときに交付された「書留郵便物受領証」と、紛失した謄本と同じ内容の文書を持参して提出する必要があります。

なお、再度証明では、内容証明料（1枚目420円、2枚目以降は250円）を再度支払います。内容を確認するために閲覧を行う場合、閲覧料として別途420円が必要となります。

Q 内容証明郵便が相手方に到達しない場合、どうなるのでしょうか。

A 家族や社員も含めて受取人が留守だった場合、届け先に不在通知を残し、郵便局に郵便物を持ち帰ることになります。保管期間内に受取人の受取りや再配達指定がない場合、差出人に返還されてしまいます。相手が記載した住所にいない場合も差出人に「宛先人不明」として返還されてしまいます。もちろん内容証明郵便を差し出した効果としては何も発生しません。

一方、郵便局職員が宛先に配達し、本人、家族、社員らがいたのにも関わらず受取りを拒否した場合、内容証明郵便は、受け取りが拒否された旨の付せんと一緒に差出人に返還されます。ただし、受け取りを拒否されても、相手方に通知は届いたものとして扱われます。

② 内容証明郵便の書き方はどうする

字数や訂正方法には一定のルールがある

■ 同じ内容のものが最低３通必要になる

　内容証明郵便は、受取人が１人の場合でも、同じ内容の文面の手紙を最低３通用意する必要があります。ただし、全部手書きである必要はなく、コピーでもOKです。郵便局ではそのうち１通を受取人に送り、１通を局に保管し、もう１通は差出人に返してくれることになっています。同じ内容の文面を複数の相手方に送る場合には、「相手方の数＋２通」用意することになります。

　用紙の指定はとくにありません。手書きの場合は原稿用紙のようにマス目が印刷されている、市販のものを利用してもよいでしょう。ワープロソフトで作成してもよいことになっています。

■ 内容証明郵便で送る文書の中身

　枚数に制限はないものの、主旨を簡潔に、一定の形でまとめた方が確実に相手に伝わります。

・表題

　「通知書」「督促状」など文書につけるタイトルです。内容証明郵便の主旨が一目でわかるようにつけておくと効果的です。

・前文・後文

　一般の手紙とは異なり、基本的には省略してかまいませんが、相手との関係、お願いなどが内容に含まれる場合は、仰々しい内容証明郵便であってもやや柔らかく相手に伝える効果が期待できるので記載する場合もあります。

・本文
　言うまでもなく必要事項を確実に、相手に伝わりやすい表現で記載します。原則として主観的な感情や背景事情は記載しない方がポイントが伝わりやすくなります。また、間違えても撤回できず、相手にスキを与えるので、書く前に事実確認を十分に行った上で作成することが望まれます。

・差出人・受取人
　いずれも個人の場合は住所・氏名、会社などの法人については所在地・名称とあわせ、わかれば代表者名を記載して、差出人は押印します。代理人を立てた場合は代理人も同様に記載して押印します。この記載は、郵便局に持参する封筒の差出人と受取人と一致している必要があります。また、標題にあわせて「請求者」「被請求者」などの肩書をつけてもよいでしょう。

・差出年月日
　差出日を明確にするため記載します。

■ 内容証明郵便の書き方

用　紙	市販されているものもあるが、特に指定はない。B4判、A4判、B5判が使用されている。
文　字	日本語のみ。かな（ひらがな、カタカナ）、漢字、数字（漢数字）、かっこ、句読点。外国語（英字）は不可（固有名詞に限り使用可）
文字数と行数	縦書きの場合　　：20字以内×26行以内 横書きの場合①：20字以内×26行以内 横書きの場合②：26字以内×20行以内 横書きの場合③：13字以内×40行以内
料　金	文書1枚（420円）＋郵送料（80円）＋書留料（420円）＋配達証明料（差出時300円）＝1220円　文書が1枚増えるごとに250円加算

内容に間違いがないようにすること

　内容証明郵便は受取人にある程度のインパクトを与える郵便です。後々訴訟などになった場合、証明力の高い文書として利用することにもなります。また、一度送ってしまったら、後で訂正はできません。このことから、内容証明郵便で出す文書は、事実関係を十分に調査・確認した上で正確に記入することが必要です。誤った事実や内容が書いてあると、将来裁判になった場合に、主張や請求の根拠について疑いを持たれかねません。

　また、本論に関係のないよけいなことが書いてあったり、あいまい・不正確な表現がなされていたりすると、相手方に揚げ足をとられることにもなります。表現はできるだけ簡潔に、しかも明確に書くことが大事です。前置きは省略して本論から書き始めましょう。

　たとえば、貸金の請求について内容証明郵便を出すのであれば、タイトルに「催告書」と書いて、まず、請求の根拠を書きます。いつ、いくら、どういう条件でお金を貸したのか、「〇月〇日と〇月〇日に請求書を送ったがいまだ支払いがない」、とか、「〇月〇日に電話で△月△日に支払いをする旨の約束をしたのにいまだもって支払いがない」、という具合です。そして、本書面到達後10日以内に現金で、または振り込みでなどというように、どのような支払いを請求するのか、もし、それが実行されない場合、当方としてはどのような手段をとるのか、ということを簡潔に書くのが一般的です。受け取った側としても、単なる請求ではないと思っているはずですから、支払いがなければ法的手段をとる、とか、担保権の実行をするなどと、何らかの強い姿勢を見せておくこともできます。そうすることによって、いっそう効果的になります。

　ただし、法的手続をとるつもりがないのに、そのような文言を付するとトラブルになるので止めた方が無難です。

1枚の用紙に書ける字数は決まっている

　内容証明郵便で1枚の用紙に書ける文字数には制約があります。縦書きの場合は、1行20字以内、用紙1枚26行以内に収めます。横書きの場合は、①1行20字以内、用紙1枚26行以内、②1行26字以内、用紙1枚20行以内、③1行13字以内、用紙1枚40行以内の3タイプがあります。つまり、用紙1枚に520字までを最大限とするわけです。もちろん、長文になれば、用紙は2枚、3枚となってもかまいません。ただし、枚数に制限はありませんが、1枚増えるごとに料金が加算されます（16ページ）。

　使用できる文字は、ひらがな・カタカナ・漢字・数字です。英語は固有名詞に限り使用可能です。数字は算用数字でも漢数字でも使用できます。また、句読点や括弧なども1字と数えます。一般に記号として使用されている＋、－、％、＝なども使用できます。

　なお、①、(2)などの丸囲み、括弧つきの数字は、文中の順序を示す記号として使われている場合は1字、そうでない場合は2字として数えます。用紙が2枚以上になる場合には、ホチキスや糊で綴じて、ページのつなぎ目に左右の用紙へまたがるように、差出人のハンコを押します（契印）。もちろん、差し替え防止のためです。ハンコは三文判でもかまいません。

字句の訂正・削除について

　字句を削除したり訂正する場合は、その部分に2本線を引きます。消した文字は読めるようにしておかなければなりませんので、けっして塗りつぶさないようにしてください。

　訂正して正しく書き加える文字は、2本線を引いて消した文字のわき、縦書きなら右側、横書きなら上側に書き添えます。文字を挿入する場合には、挿入する箇所の、縦書きなら右側、横書きなら上側に文字を書き、挿入位置を指定します。

このようにして字句を削除、訂正、挿入した場合には、これを行った行の上欄または下欄（横書きなら右欄または左欄）の余白、あるいは用紙の余白に、「〇行目〇字削除」、「〇行目〇字訂正」というように記し、これに押印しなければなりません。

郵便局へ持って行く

　こうしてできた同文の書面３通（受取人が複数ある場合には、その数に２通を加えた数）と、差出人・受取人の住所氏名を書いた封筒を受取人の数だけ持って、郵便局の窓口へ持参します。内容証明郵便を取り扱っているのは、すべての事業所ではなく、集配事業所や支社が指定した事業所です。その際、字数計算に誤りがあったときなどのために、訂正用の印鑑を持っていくのがよいでしょう。

　郵便局に提出するのは、内容証明郵便の文書、それに記載された差出人・受取人と同一の住所氏名が書かれた封筒です。窓口で、書面に「確かに何日に受け付けました」という内容の証明文と日付の明記されたスタンプが押されます。その後、文書を封筒に入れて再び窓口に差し出します。引き替えに受領証と控え用の文書が交付されます。これは後々の証明になりますから、大切に保管しておいてください。

■ 訂正の方法 ………………………………………………………

（訂正例：通知書。5行目2字訂正 印。「私は、平成〇〇年〇月〇日、貴社と間で貴社の浄水器〇〇を代金〇〇万円で購入する契約を締結しました。ところが、右契約の締結に際して、貴社（記者を取消し）のセールスマンは、「役所が浄水器を勧めている」と事実とは異なることを告げ、私を誤解させました。また、「夫が帰ってきてから、」）

料金と配達証明

料金は文書1枚につき420円（1枚増えるごとに250円加算）、書留料金420円、通常の郵便料金80円（25gまで）、配達証明料金300円になります。

なお、債権者が債務者と保証人に同一の文書を送付するケースのように、同じ内容の文面を複数の相手に送りたいような場合には、「同文内容証明郵便」という制度を使うことで、枚数を少なくし、費用を抑えることができます。具体的には、同文内容証明郵便の場合、1人目については上記料金が必要ですが、2人目分以降は上記料金の半額となります。

また、注意しておきたいのが文書の効力の発生時期です。法的な効果をもつ文書は、それが相手方に到達した時に効力を生じるというのが原則です。そのため、内容証明郵便を出すときには、配達証明付で出すことを忘れないようにしてください。確かに相手方に届いたのか、いつ届いたのかが争いになった場合には、この配達証明（配達した事

■ 内容証明郵便の出し方

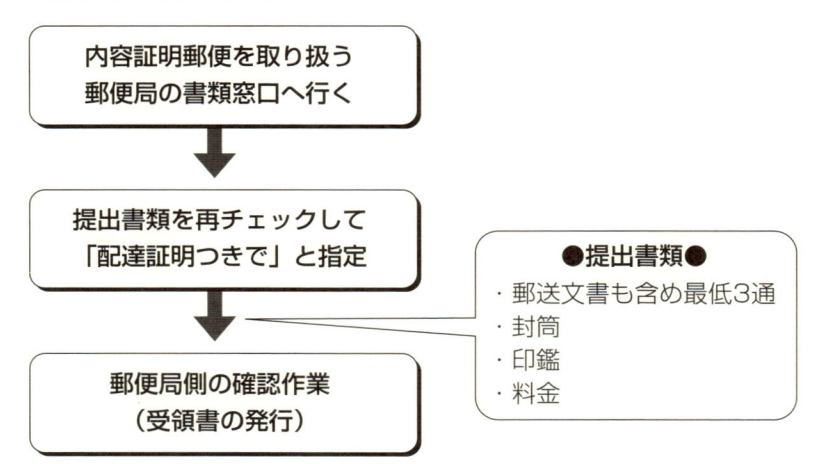

```
┌─────────────────────┐
│ 内容証明郵便を取り扱う │
│ 郵便局の書類窓口へ行く │
└─────────────────────┘
           ↓
┌─────────────────────┐
│ 提出書類を再チェックして │
│ 「配達証明つきで」と指定 │
└─────────────────────┘
           ↓
┌─────────────────────┐
│ 郵便局側の確認作業      │
│ （受領書の発行）        │
└─────────────────────┘
```

●提出書類●
・郵送文書も含め最低3通
・封筒
・印鑑
・料金

実を証明するサービス）が後々役に立ってきます。

　配達証明の依頼は、普通、内容証明郵便を出すときにいっしょに申し出ますが、投函後でも1年以内であれば、配達証明を出してもらうことができます。ただし、この場合の配達証明料は420円になります。

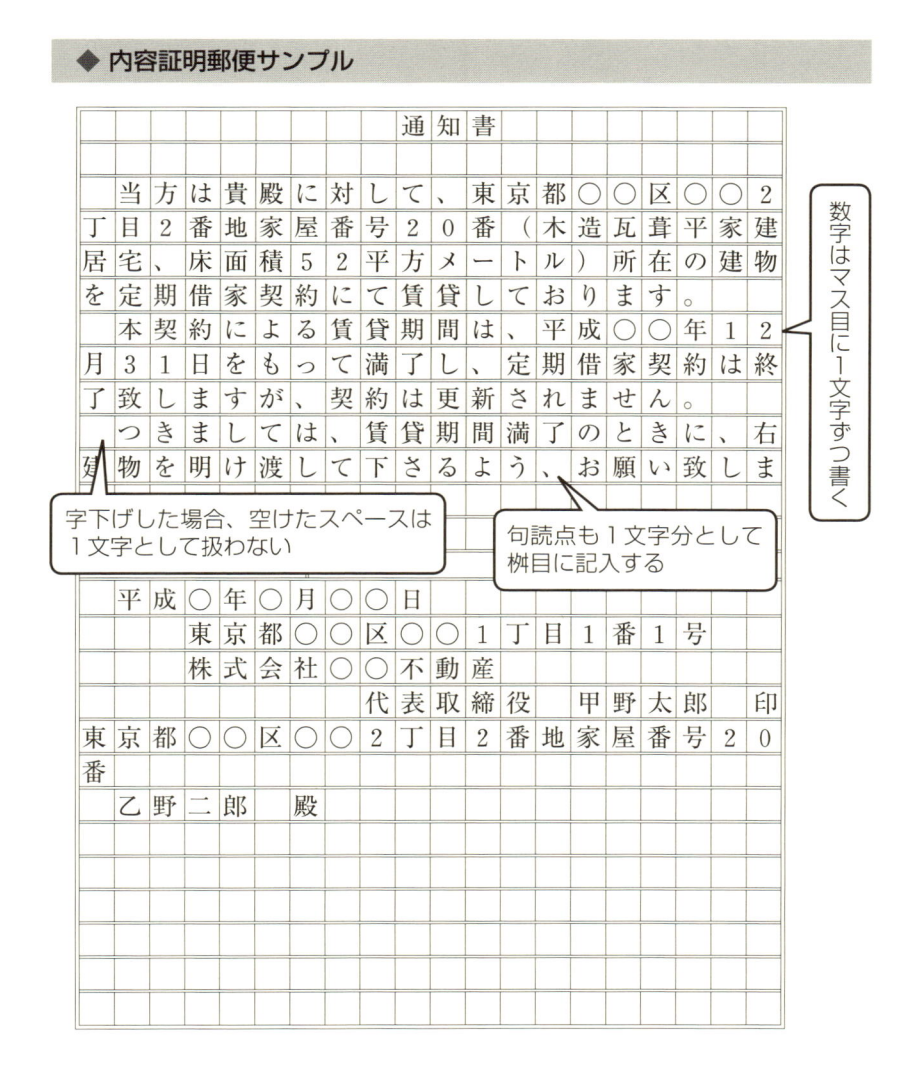

◆ 内容証明郵便サンプル

						通	知	書				
	当	方	は	貴	殿	に	対	し	て	、	東	京	都	○	○	区	○	○	2
丁	目	2	番	地	家	屋	番	号	2	0	番	（	木	造	瓦	葺	平	家	建
居	宅	、	床	面	積	5	2	平	方	メ	ー	ト	ル	）	所	在	の	建	物
を	定	期	借	家	契	約	に	て	賃	貸	し	て	お	り	ま	す	。
	本	契	約	に	よ	る	賃	貸	期	間	は	、	平	成	○	○	年	1	2
月	3	1	日	を	も	っ	て	満	了	し	、	定	期	借	家	契	約	は	終
了	致	し	ま す	が	、	契	約	は	更	新	さ	れ	ま	せ	ん	。
	つ	き	ま	し	て	は	、	賃	貸	期	間	満	了	の	と	き	に	、	右
建	物	を	明	け	渡	し	て	下	さ	る	よ	う	、	お	願	い	致	し

- 数字はマス目に1文字ずつ書く
- 字下げした場合、空けたスペースは1文字として扱わない
- 句読点も1文字分として桝目に記入する

	平	成	○	年	○	月	○	○	日						
		東	京	都	○	○	区	○	○	1	丁	目	1	番	1	号
		株	式	会	社	○	○	不	動	産
					代	表	取	締	役		甲	野	太	郎		印
東	京	都	○	○	区	○	○	2	丁	目	2	番	地	家	屋	番	号	2	0
番
	乙	野	二	郎		殿

Q 内容証明郵便の文字数のカウントや作成方法について、他に知っておいた方がよいことはありますか。

A 内容証明郵便では1枚の用紙に書ける文字数には制約があり、用紙の枚数が1枚増えるごとに料金が加算されます。

18ページで述べた一般的な注意点の他に、以下のことを知っておくとよいでしょう。

・句読点
　「、」や「。」は1文字扱い
・☐の扱い
　文字を☐で囲うこともできるが、☐を1文字としてカウントする。たとえば、「角角」という記載については3文字として扱う
・下線つきの文字
　下線をつけた文字については下線と文字を含めて1文字として扱う。たとえば 「3か月以内」は6文字扱い
・記号の文字数
　「％」は1文字として扱う
　「㎡」は2文字として扱う
・1字下げをした場合
　文頭など、字下げをした場合、空いたスペースは1字とは扱わない

詳細については、内容証明郵便を取り扱う郵便局の事業所に問い合わせて確認してみるのがよいでしょう。

3 電子内容証明郵便の書き方はどうする

利用者登録やソフトのインストールが必要になる

■ 内容証明郵便は24時間いつでも出せる

　電子内容証明郵便とは、現在の内容証明郵便を電子化して、インターネットを通じて24時間受付を行うサービスです。

　郵便局から出す内容証明郵便では、内容証明郵便にする文書3通（受取人1名の場合）を、郵便局員が実際に読んで内容を確認し、記入にミスがないかを調べます。そのため、ある程度の時間がかかりますし、郵便局が開いている時間でなければ受け付けてもらえません。

　しかし、電子内容証明サービスを利用すれば、受付はインターネットを通じて行われるため、24時間いつでも申込みをすることができます。文書データを送信すれば、自動的に3部作成し処理してくれますので、短時間で終了します。

　差出人から送信された電子内容証明文書のデータは、郵便局の電子内容証明システムで受け付けます。

　その後、証明文と日付印が文書内に挿入されてプリントアウトされ、できあがった文書は封筒に入れて発送されます。

■ 電子内容証明サービスの利用準備

　まず、利用者登録が必要となりますが、日本郵便の電子内容証明のホームページ（http://enaiyo.post.japanpost.jp/mpt/）から行います。

　利用料の支払いはクレジットカードか、料金後納かを選択することができます。クレジットカードを選択の場合、登録はすぐに完了します。

料金後納を選択すると、「後納特例承認支店」での手続きが必要なので、登録まで日数がかかります。なお、登録自体は無料です。
　次に、郵便物を作成するのに必要なソフトウェア（e内容証明ソフトウェア）を手持ちのパソコンにインストールします。ソフトウェアは、ホームページからダウンロードします。ここまでの作業は、このサービスを初めて利用するときだけ必要です。

■ 電子内容証明の文書の作成

　電子内容証明で送る文書は、Microsoft社「Word」（95以降）か、Just System社「一太郎」（Ver 8以降）の2種類のワープロソフトに限定されます。文書の体裁は、通常の内容証明郵便と異なり、次の通りです。

① 用紙設定

　用紙は、A4サイズで、縦置き・横置きを問いませんが、縦置きの場合は横書き、横置きの場合は縦書きでなければなりません。
　余白は、縦置きは上・左右に1.5cm以上、下に7cm以上、横置きは上下・右に1.5cm以上、左に7cm以上必要です。

■ 電子内容証明郵便の書き方

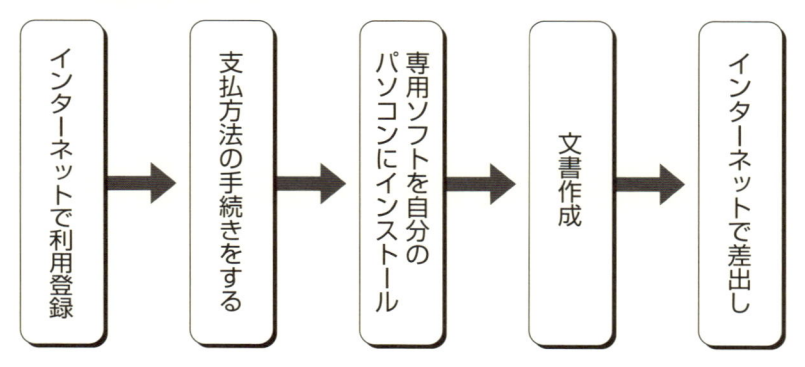

インターネットで利用登録 → 支払方法の手続きをする → 専用ソフトを自分のパソコンにインストール → 文書作成 → インターネットで差出し

◆ 電子内容証明郵便サンプル

通知書

　私は、平成23年8月5日、貴殿に対して、後記の商品を金80万円で売り渡し、その際、金30万円を手附金として受領し、残金50万円は、平成24年4月1日から支払うとの約束になっておりました。ところが、貴殿は右約束に違反し、今日に至るも未だ残金50万円の支払いをしてくれておりません。そこで、本書面到達後5日以内に必ず、右残金全額をお支払いくださいますよう、右請求致します。

記

　　オフィス家具　　5台
　　平成24年6月1日
　　東京都新宿区新宿〇丁目〇番〇号
　　エムエス事務用品販売社
　　代表取締役　佐藤　一郎　　（印）
　　東京都豊島区池袋〇丁目〇番〇号
　　合同会社　山本産業
　　代表取締役　山　本　太　郎　殿

差出人
〒169-0074　東京都新宿区新宿〇丁目〇番〇号　　　　　　　　　　佐藤　一郎

受取人
〒170-0004　東京都豊島区池袋〇-〇-〇　　　　　　　　　　　　山本　太郎様

序章　内容証明郵便の書き方・出し方

通常の内容証明郵便と大きく異なるのは、1ページ内の文字数制限が大幅に緩和されていることと、逆に一度に出せる枚数に制限があることです。文字数は上記余白と後記のポイント（文字の大きさ）で収まる範囲まで記載できます。他方、枚数は最大で5枚までとなっています。

② **文字サイズと種類**

　文字サイズは、10.5ポイント以上、450ポイント以下であれば自由です。使用できる文字は、JIS第1、第2水準の範囲の文字とされていますので、外字等が使用できません。なお、文字の装飾も、「太字」と「斜体」だけですが使用が認められています。

　詳細は電子内容証明のホームページ上にある「ご利用方法」で確認できます。

　文書を作成した後、専用ソフト「e内容証明」で差出人、受取人の他、配達証明や速達等の指定をし、専用フォーマットに変換したものをインターネット経由で送信して完了です。

■ 電子内容証明郵便の料金

料金名	単位	料金	備考
基本料金		80円	
内容証明料金	1枚	365円	1枚増えるごとに＋343円
書留料金		420円	
配達証明料金		300円	
通信文用紙料金	1枚	20円	1枚増えるごとに＋5円
謄本送付料金		290円	
合計		1,475円	

第 1 章

会社経営

1 株主が株主総会の議題を提案する

> 株主が提案権を行使するには一定の要件を充たす事が必要

■ 株主の提案権とは

　株式会社の株主には、株主総会に議案を提案する権利（議題提案権）と、株主が提案する議案の要領を株主総会の招集通知などに記載することを求める権利（議案提出権）とがあります。これらを総称して、株主の提案権といいます。

　議題を提案する場合、提案理由を参考書類に記載する必要がありますが、会社の株式取扱規則により字数を400字に制限するケースが多いようです。

■ 株主の提案権を行使するには

　取締役会が設置されている会社の場合、株主が提案権を行使するには、次の要件が必要です。

① 株主が、6か月前から引き続き総株主の議決権の100分の1以上、または300個以上の議決権を有すること
② 取締役に対して、株主総会日より8週間前（定数で別の定めを置くことはできる）までに、書面などで請求すること
③ 議題については、その議題を提案する株主が議決権を行使することが可能な事項であること。

　文例は、株主が提案権を行使するときに使用されるものです。このような請求は、単独の株主でも複数の株主が連名でもできます。連名で請求する場合は、提案者一人ひとりの名前を書くことになります。

文　例　株主総会議題提案通知書

通知書

私は、貴社の株主であり、平成○年4月1日より継続して、総株主の議決権数（1000議決権）の100分の1以上に該当する50議決権を有する者であります。つきましては、会社法303条に基づき、平成○年5月29日開催予定の第25回定時株主総会において下記事項を会議の目的とすることを請求致します。

記

1　議題
　　取締役○○氏及び監査役○○氏、両名の取締役及び監査役解任の件

2　提案理由
　　取締役○○氏は、貴社○工場用地取得に関し、同土地所有者と通謀し、貴社に損害を与えた。監査役○○氏は、○○氏の上記行為を知悉しながら、何等の措置も講じなかった。

　　平成○年4月1日
　　　東京都○○市○○1丁目25-7
　　　　　　　　　　　　　盛儀一仁　印

　東京都○○区○○2丁目1-31
　第一精密機械製造株式会社
　代表取締役　　大井誠一郎　殿

ワンポイントアドバイス

①文例は、会社法303条に基づき、株主が取締役（文例では代表取締役）に対して株主総会で自らの提案する議題についても決議するように請求する書面です。

②通常、議題は会社から株主に提示されますが、本例は、株主自らが議題を提案するものです。

2 株主が会社に対して株主総会の招集を請求する

少数株主には招集権がある

■ どんな場合に誰がどのように招集するのか

　通常、株主総会は取締役が招集します。その会社が取締役会設置会社の場合には、取締役会における決定に従って予め定款に定められている取締役が招集します（たいていの会社では代表取締役が招集権者として定められています）。なお、取締役会設置会社が、株主総会の開催を決定する際には、取締役会議事録が作成されます。

　ただ、少数株主は、会議の目的、招集の理由を記載した書面を取締役に提出して招集を請求することができます。少数株主とは、総株主の議決権の100分の3以上の議決権を有する株主のことです（公開会社の場合は、株式の保有期間が6か月という要件が加わる）。この保有する株式の割合については、複数の株主で満たすこともできます。少数株主が招集請求をしても、取締役が株主総会の招集をしなかったような場合は、請求した株主が裁判所の許可を得て総会を招集することもできます。

　なお、株式会社あるいは総株主の議決権の100分の1以上の議決権を有する株主は、株主総会の招集手続・決議の方法を調査させるために、その株主総会が開催される前に、裁判所に対して株主総会検査役の選任の申立てをすることができます。選任された株主総会検査役は、調査結果を書面か電磁的記録（電子メールなど）に記録し、これを裁判所に提供・報告しなければなりません。この報告を受けた裁判所は、必要に応じてその会社の取締役に対して株主総会の招集を命じる場合もあります。

文例 株主総会招集請求書

```
　　　　　　　株主総会招集請求書

　私は、貴社の株主であり、平成〇年4月1日より継続して、総株主の議決権数（1000議決権）の100分の3以上に該当する50議決権を有する者であります。
　つきましては、会社法297条に基づき、下記記載の通り、株主総会の招集を請求致します。
　　　　　　　　　　記
1　総会の目的たる事項
　取締役〇〇氏の解任及び後任取締役選任の件

2　招集の理由
　取締役〇〇氏は、甲株式会社からの〇〇の仕入れに関し、同社と通謀し不正行為をなし、会社に損害を与えたため、至急、その任を解き、後任者を選任する必要がある。

　平成〇年4月1日
　　　東京都〇〇市〇〇町1丁目2－5－7
　　　　　　　　　　　吉井田良三　印

東京都〇〇区〇〇1丁目2番の4
株式会社ユーロン
代表取締役　栄田好一　殿
```

ワンポイントアドバイス

①文例は、会社法297条に基づき、株主が取締役（文例では代表取締役）に対して株主総会の招集を請求する書面です。

②株主の中には、臨時に株主総会を開催する必要があると考える者もいるでしょう。そのときには、本文例のように、「総会の目的事項（議題）」を明示して、株主総会の招集を請求します。

③ 株主が会社に対して株主名簿の閲覧を請求する

閲覧・謄写したい具体的な理由と対象を特定すること

■ 株主名簿とは

　株主の氏名や名称（法人の場合）、住所や持ち株数などが記載された帳簿を株主名簿と言います。会社法は、株式会社に対して株主名簿を作成することを義務づけています。

　会社法によると、会社は、作成した株主名簿を本店に備え置かなければならない、とされています（会社法125条）。

　実際には、株主名簿を作成したり備え置くといった事務については、株主名簿管理人が行う場合が多いようです。株主名簿管理人とは、会社が株主名簿管理人を置く旨を定款で定めた場合に、株主名簿に関する事務を会社が委託する者のことを言います。

■ 書面の書き方

　文例は、株主による上記閲覧請求を内容とする書面です。
　株主名簿の閲覧を請求する書面の具体的な記載事項は、以下のようになります。
・自己が当該会社の株主である旨の記載
・株主名簿の閲覧を求める旨の意思表示
・閲覧請求の理由
　これは、条文上も要求されている事項です（会社法125条2項後段）。具体的事実を摘示します。

文例　株主名簿閲覧請求書

```
　　　　　　　株主名簿閲覧請求書

　私は、貴社の普通株式を200株所有している株主です。なお、株券に関しましては、貴社の指定先に寄託しておりますのでご確認下さい。
　さて、この度、会社法125条2項に基づき、下記に記載するように貴社の株主名簿の閲覧及び謄写を請求致します。よって、下記内容に関し、至急、回答願います。
　　　　　　　　　　記
1　日時　　平成○年9月1日
2　場所　　貴社本店

3　閲覧及び謄写請求の理由
　貴社の株主の中に、内部情報を利用して、利益を得ている者がいるとの風評に関し、その真偽を確認するため。

　平成○年8月1日

　　　　　東京都○○区○○1丁目25－8
　　　　　（通知人・請求者）　　大野武之　印

　東京都○○市○○町2丁目4番
　精密印刷株式会社
　代表取締役　　擦乃達夫　　殿
```

ワンポイントアドバイス

①会社は、株主に関する事項を記載した名簿（株主名簿）を作成しなければなりません（会社法121条）。
②会社の株主および会社に対する債権者は、原則として、その名簿の内容を閲覧および謄写することを請求できます（会社法125条2項）。

4 株主名簿の閲覧請求に対する回答を拒否する

正当な理由がある場合には拒否できる

■ 閲覧・謄写請求があったら

会社は、株主や債権者が営業時間内に理由を明らかにして閲覧や謄写を請求してきた場合には、原則としてこれに応じなければなりません。

閲覧とは、株主や債権者などの請求者が、株主名簿を調べ読むことで、株主名簿を書き写す場合は謄写と言います。

なお、請求者が株主や債権者だとしても、どんな場合でも請求に応じなければならない、ということはありません。嫌がらせや会社の営業を妨害する目的で閲覧や謄写の請求がなされた場合には、正当な理由がありませんから、請求を拒んだとしても問題はありません。

■ 株主名簿の閲覧を拒否できるケース

株主名簿の閲覧を拒否できるケース
- 株主名簿の閲覧・謄写を請求してきた者が、その権利を確保するためや権利の行使に関して必要な調査以外の目的のために請求してきた場合
- 会社の業務遂行を妨害する目的で請求してきた場合
- 請求者が、その会社の業務と実質的に競争関係にある事業を営んでいる者である場合
- 請求者が、株主の共同の利益を害する目的で請求してきた場合

文例 株主名簿の閲覧請求に対する回答書

回答書

貴殿は、平成〇年8月1日付書面にて、同書面記載の日時及び目的に従って、当社に対して株主名簿の閲覧を請求されております。本来ならば、会社法125条2項に従い、当社の株主であれば、原則として閲覧を認めております。

しかし、当社で調査したところ、貴殿が株主名簿を閲覧する目的は、当社の株主構成に関する情報を〇〇株式会社に提供し、その見返りとして利益を得ることにあると判明致しました。よって、貴殿の当該請求は会社法125条3項第4号の事由に該当します。従いまして、当社は貴殿の請求を拒絶することを通知致します。

平成〇年8月20日

東京都〇〇市〇〇町2丁目4番
精密印刷株式会社
代表取締役　擦乃達夫　印

東京都〇〇区〇〇1丁目25-8
（被通知人・請求者）　大野武之　殿

ワンポイントアドバイス

①文例は、前例の株主名簿閲覧請求を会社が拒絶する内容の書面です。
②株主による株主名簿の閲覧は、原則として認められますが、その目的が前ページの拒否できるケースに該当する場合、会社はその請求を拒絶できます。

5 株主が会社に対して計算書類・会計帳簿等の閲覧を請求する

株主は、会社に対して営業時間内であればいつでも閲覧請求できる

どんなものがあるのか

　貸借対照表、損益計算書、株主資本等変動計算書、個別注記表を計算書類と言います。計算書類の金額は1円単位、千円単位、あるいは百万円単位で表示します。

　貸借対照表とは、事業年度末（当期末と表現されます）の会社の財政状態を具体的な数値で表した書類です。損益計算書は、一定の期間中における会社の経営成績を数値で表した書類です。株主資本等変動計算書とは、事業年度中の純資産がどれだけ変動したのかを示す書類です。こうした計算書類を理解するために必要となる重要な事項を注記として記載してまとめた書類を個別注記表と言います。

　会社は、こうした計算書類と共に事業報告、附属明細書を作成し、会社の財政状態や経営成績を株主に開示しなければなりません。

　事業報告は、会社の状況を数値で表す計算書類とは異なって、会社の事業の状況を文章で説明したもので、書類を作成する際のもととなる情報も会計帳簿に限りません。なお、附属明細書は、計算書類と事業報告の記載内容を補足するもので、重要な事項の明細を記載した書類です。

　株主や債権者は、会社に対して営業時間内であればいつでも、会社の事業報告や計算書類、事業報告と計算書類の附属明細書、監査役の監査報告、会計監査人の監査報告の閲覧・謄写を請求できます。

文例　計算書類・会計帳簿等閲覧請求書

　　　　　　　会計帳簿等閲覧請求書
　私は、貴社の総株主の議決権数（1000議決権）の100分の3以上にあたる議決権（40議決権）を有する株主であります。従いまして、会社法433条1項及び第442条第3項に基づき、下記の通り会計帳簿及び計算書類等の閲覧、謄写並びに謄本の交付を請求致します。
　　　　　　　　　　記
1　日時　　平成○年9月20日午前10時
2　場所　　貴社本社
3　対象帳簿及び書類
　　計算書類　第11期から12期までの各決算期の貸借対照表、損益計算書、株主資本等変動計算書、及び監査報告書
　　帳簿　　上記書類に関する会計帳簿類
4　閲覧を求める理由
　　貴社取締役○○氏を会社法960条の特別背任罪で告発するための資料の収集

　　平成○年6月20日
　　　　東京都○○区○○1丁目2番3
　　　　　　（通知人・株主）　太田真一　印
　　東京都○○区○○2丁目3番4号
　　東京建機株式会社
　　　代表取締役　東西一郎　殿

ワンポイントアドバイス

①文例は、そのような会計帳簿等の閲覧請求に関する書面です。
②書面には、閲覧請求をする株主が「総株主の議決権の3％以上にあたる議決権」を所有している旨、閲覧請求の対象となる会計帳簿等、閲覧請求をする理由を明示します。

6 計算書類・会計帳簿等閲覧請求に対する回答を拒絶する

一定の事由に該当する場合には、閲覧を拒否することができる

■ 必ず応じなければならないわけではない

　事業報告や計算書類などの閲覧・謄写請求を受けた場合、会社は請求者が株主や債権者であることを確認した上で、請求に応じる必要があります。

　株主や債権者が請求できる内容は、書類の原本か写しの閲覧請求、書類の謄本または抄本の交付請求です。また、計算書類がデータで作成されていて、パソコンで表示・印刷できるしくみが整えられている場合には、株主や債権者は会社に対して、①画面に表示された計算書類や事業報告の閲覧請求、②会社が定めた提供方法による提供を受ける請求、③電磁的方法（電子メールなど）によって記載された書面の交付の請求以下の請求をすることができます。

　ただし、当該株主からの請求が以下のいずれかの事由に該当する場合には、閲覧を拒否することができます。その場合、書面で該当する事由を述べて、請求に応じないという意思表示をします。

・請求の目的が株主としての権利の確保またはその行使に関する調査以外の目的であること
・当該請求が会社の業務遂行を妨げる目的であること
・当該株主の請求が株主全体の利益を害する目的であること
・請求株主が会社の業務と競合する相手であること
・請求株主が請求により知り得た情報により利益を得ようとしまたは得たことがあること

文例　計算書類・会計帳簿等閲覧請求に対する回答書

回答書

貴殿は、平成○年6月20日付書面にて、当社の会計帳簿及び計算書類に関し、その閲覧、謄写並びに謄本の交付を請求されました。貴殿の請求内容に関しまして、当社にて慎重に検討した結果、下記の内容を返答と致します。

記

1　計算書類について
　貴殿の請求を認めます。
2　会計帳簿について
　貴殿の請求を拒絶致します。
3　拒絶理由（会社法433条2項4号）

　貴殿が当該帳簿の閲覧等を請求する目的が、それにより知り得た内容を○○商事関係者に提供することによって、利益を得るものと解されるからであります。

平成○年6月25日

　　　東京都○○区○○1丁目2番3号
　　　東京建機株式会社
　　　　　　代表取締役　東西一郎　㊞

東京都○○区○○2丁目3番4
（通知人・株主）　太田真一　殿

ワンポイントアドバイス

①文例は前例の請求に対する会社からの拒絶通知です。
②株主から会計帳簿等の閲覧請求を受けた会社は、一定の事由がある場合、その請求を拒絶することができます（会社法433条2項）。

7 取締役が会社に対して取締役を辞任する旨の通知をする

会社が速やかに辞任登記をしないときには内容証明で通知する

■ 取締役は自由に辞任できる

　会社と取締役との関係については、会社法その他の法令に特別の規定がある場合を除いて、民法の委任に関する規定が適用されていますので、取締役は受任者として、取締役として一般に期待されている注意義務をもって、業務を執行しなければなりません。

　ところで、委任の各当事者はいつでも委任契約を解除できるとされていますので、取締役はいつでも取締役を辞任することができます。監査役についても同様です。

　取締役が辞任したい場合には、委任関係を終了させればよいわけですから、辞任は会社に対する一方的な意思表示で効力が生じます。とくに会社の承諾は必要ありません。辞任は、会社を代表する取締役、またはその権限を与えられた代理人に、辞表などの文書の形式でなされるのが普通です。

　一般的には辞任をわざわざ内容証明郵便で通知する必要はないと思われますが、会社が速やかに辞任の登記をしてくれないために、対外的になお取締役としての責任を負わざるを得なくなるようなおそれがある場合には内容証明郵便を利用するのが安全です。具体的には、以下の内容を記載します。

・通知人が当該会社の取締役であること
・取締役を辞任する旨の意思表示
・会社に対して、登記の変更を請求する旨

文例　取締役を辞任する旨の通知書

　　　　　　　　　　辞任通知書

　私は、平成○年4月1日に開催されました貴社の第25回定時株主総会におきまして、適法に取締役に選任され、その職に就任致しました。以後、現在に至るまで、取締役として忠実にその職務を果たして参りました。
　しかし、このたび健康上の理由により、取締役としての職責を十分に果たせなくなったため、平成○年8月10日付をもちまして、その職を辞させて頂きたく、本書面にて通知致します。
　従いまして、貴社におかれましては、私に関し、その取締役退任の登記についても速やかになされる旨を本辞任通知と併せて請求致します。

　平成○年8月10日

　　　　東京都○○区○○1丁目4-35
　　　　　（退任取締役）　　八目詫拓雄　印

　東京都○○区○○2丁目4-8-95
　東京木材加工株式会社
　代表取締役　　大西二郎　殿

ワンポイントアドバイス

①文例は、会社と上記のような関係にある取締役が、会社に対して取締役を辞任する旨を通知するものです。
②注意すべき点は、退任する取締役が登記の変更を併せて請求していることです。その理由は、自己の氏名が登記簿上、取締役として残存していると、退任後であっても、取締役としての責任を負わされる場合があるからです。

8 会社が取締役に対して解任を通知する

株主総会で決議で解任することができる

■ 取締役が解任される場合とは

　取締役は、通常、任期の満了によって退任しますが、任期の途中で辞任したり、解任させられたりすることもあります。自発的に辞める辞任とは違い、解任は、取締役を辞めさせることです。取締役を解任するには、原則として取締役会からの提案（発議）によって、株主総会で決議する必要があります。株主総会で解任決議をするためには、総株主の議決権の過半数にあたる株式をもつ株主の出席（定足数）を満たした上で、その議決権の過半数の賛成が必要です。

　たとえば、総株主の議決権が100個だとすると、総計51個分の議決権をもつ株主たちが出席し、その過半数にあたる26株以上の議決権をもつ株主が賛成すれば、解任が決定されます。ただ、解任することに正当な理由がない場合、会社は取締役に対して損害賠償責任を負うこともあります。

■ 書面の書き方

　実際の記載事項は、次のようになります。
a 通知の相手方が取締役であったこと。つまり、株主総会で取締役として選任された事実を記載します。
b 次に、当該取締役が株主総会の決議によって解任された事実を記載します。
c 会社法は、解任理由の通知を要求していませんが、後々のことも考えるのであれば、当該取締役を解任された理由も通知すべきでしょう。

文例　解任通知書

　　　　　　　　　通知書

　貴殿は、平成〇年6月27日に開催された当社第20回定時株主総会において適法に取締役に選任されました。
　しかし、平成〇年9月1日開催の当社臨時株主総会において、下記理由により、株主の賛成多数の決議により、その地位を解任されました。
　よって、貴殿が取締役の地位を喪失した旨を本書面にて通知致します。また、貴殿の任務懈怠により会社に生じた損害に関しましては、別途請求致します。

　　　　　　　　　　記

解任の理由
　貴殿は、取締役の地位にありながら、取締役会にも出席せず、その職務を懈怠し、その結果として、会社に損害を与えたこと

　平成〇年9月1日
　　　東京都〇〇区〇〇1丁目2番3号
　　　東西ファイナンス株式会社
　　　　　代表取締役　　西井田生野助　㊞
東京都〇〇区〇〇2丁目3番4号
東西ファイナンス株式会社
（解任取締役）　東之一郎　殿

ワンポイントアドバイス

①文例は、そのようにして解任された取締役に対して、会社から解任の事実を伝えるための書面です。
②会社が株主総会の決議によって取締役を解任するのに、特別な理由は必要ありません。解任決議が成立するだけでよいのです。

⑨ 取締役を解任されたことへの損害賠償の請求をする

正当な事由がない場合会社に対して損害の賠償を請求できる

■ 解任の手続き

　会社と取締役の関係は、委任に関する規定に従います（会社法330条）。民法の委任の規定によれば、委任者は、いつでも受任者との委任契約を解除できます。

　したがって、株主総会の決議によれば、任意に取締役を解任することも適法となります（会社法339条1項）。

　ただし、同条2項によれば、解任された取締役は、正当な事由がない限りは、会社に対して、解任されたことによる損害の賠償を請求できます。

■ 書面の書き方

　正当な事由なく取締役を解任された場合において、解任された取締役から会社に対して損害賠償を請求する場合、書面には以下のような事項を記載します。

a 通知人が当該会社の取締役であったこと
b 株主総会（日時を特定すること）の決議によって、正当な事由なく解任されたこと
c 解任により損害を被ったこと

文例　取締役を解任されたことへの損害賠償請求書

損害賠償請求書

　私は、平成○年5月27日に開催されました貴社の第25回定時株主総会におきまして、正式な手続により取締役に選任されました。しかし、同年9月10日に開催された臨時株主総会において、株主の多数の決議により取締役を解任されました。しかるに、同総会が開催された時点で、私に関しまして、取締役を解任されるに値する正当な事由は何等存在しておりませんでした。にもかかわらず、株主の多数が解任決議に賛成した故に、私は取締役の地位を解任されるに至ったのであります。

　従いまして、上記の事情の存在することを理由として、会社法339条2項に基づき、私に対して残りの就任期間に支払われるはずであった取締役報酬を損害額として、その賠償を請求致します。

　　平成○年10月1日
　　　東京都○○区○○1丁目7番25号
　　　　　　　　　　　　本田一郎　印
　　東京都○○区○○2丁目5－25号
　　新都市開発株式会社
　　代表取締役　　我儘謂蔵　殿

ワンポイントアドバイス

①解任された取締役は、正当な事由がない限りは、会社に対して、解任されたことによる損害の賠償を請求できます。

②文例は、正当な事由なく取締役を解任された場合において、解任された取締役から会社に対して損害賠償を請求する書面です。

10 株主が会社に取締役の責任追及訴訟を提起するよう請求する

通常は監査役に対して請求する

■ 株主代表訴訟とは

　取締役が職務上不正の行為をし、会社に損害を与えた場合、会社はその取締役に対して損害賠償請求ができます。

　しかし、取締役が任意に請求に応じない場合には、会社は訴えを提起するしかありませんが、会社と取締役間の訴訟については、公正を期するために、監査役が会社を代表することになっています。

　しかし、会社が取締役に対して損害賠償請求訴訟を提起すべきであるのに、それをしない場合には、結局は、その会社、ひいては株主の利益が害されることになります。そこで、一定の要件の下に株主が自ら会社のために訴えを提起することができます。これが株主代表訴訟（責任追及等の訴え）と呼ばれるものです（会社法847条）。

　訴えの内容は、「○○（取締役）は○○株式会社に対して○○円を支払え」というものになります。株主自身への支払いを求めるものではありません。

　株主代表訴訟を提起できるのは、原則として6か月前から引き続き株式を有する株主です。保有する株式数による制限はありません。提訴する前に株主は会社に対して、取締役の責任を追及する訴訟を提起するよう、書面などで請求することが必要です。この請求の相手方は、取締役との訴訟で会社を代表することになる監査役です。

　この書面が到達した日から60日以内に、会社が株主の請求にかかる訴えを提起しない場合に、はじめて株主は代表訴訟を提起できます（会社法847条3項）。

文 例 株主が責任追及訴訟の提起を求める請求書

通知書

私は、貴社の株式（普通株）100株を平成○年4月10日より所有する株主です。しかるに、貴社の代表取締役である菊池晋平殿は、下記1の行為により貴社に下記2の損害を与えました。にも関わらず、貴社は同人に対して会社法423条に基づく損害賠償の請求を行っておられません。従いまして、私は、本書面をもって貴社が代表取締役である菊池晋平殿に対し、訴えにより、損害賠償の請求をなすことを求めます。

記

1 代表取締役の行為
　取締役会の反対にも関わらず、○○商事に対し、無担保で1億円の融資を実行
2 貴社の損害
　その後、○○商事が倒産したことにより、回収不能となった貸金相当額

平成○年9月1日
　　　東京都○○区○○1丁目6-7-25
　　　　　　　　　　　　　　大野太一　印
東京都○○区○○2丁目25-7
株式会社　東京鉄板
監査役　飯塚久之　殿

ワンポイントアドバイス

①文例は、株主代表訴訟の前段階として、取締役の責任を追及する訴えを提起するよう会社に請求する書面です。
②通知人が6か月以上前から当該会社の株式を所有していること、代表取締役の行為により当該会社に損害が生じていること、会社が代表取締役の責任を追及していないこと、代表取締役への訴訟提起を会社に請求する旨を記載します。

11 会社が取締役に対して損害賠償を請求する

会社に損害を与えた取締役に対する損害賠償責任を追及できる

■ 会社に対する責任にはどんなものがあるのか

　取締役・執行役は、その任務を怠って（善管注意義務・忠実義務違反）会社に損害を与えた場合には、一般的な責任として会社に対してを負います。

　会社が取締役の責任を追及しない場合、株主代表訴訟（46ページ）という形で株主が取締役の責任を追及します。

　取締役が、企業人として誠実に、そして合理的に判断したにもかかわらず、会社に損害を与えてしまったとしても、その責任を問われることはありません。しかし、少し注意していればわかることを見過ごしてしまったために、それが原因で会社に大きな損害をもたらしてしまった場合、取締役に課せられた注意義務に違反しているかどうかが問題となります。その損害が取締役としての裁量の範囲内であれば損害賠償の責任は問われませんが、そうでないのであれば、会社に対して損害を賠償しなければなりません。

　なお、会社に対する取締役の責任は、株主が損害賠償請求の権利を行使できるときから10年たった時点で時効によって消滅します。つまり、株主代表訴訟を起こすことができるのも、損害賠償請求権が時効によって消滅するまでの期間に限られます。

　書面には取締役のどのような行為が義務違反となり、どのような損害を発生させたのかを因果関係を明確にしつつ、具体的に記載します。

文例 取締役に対する損害賠償請求書

損害賠償請求書

貴殿は、去る平成〇年〇月〇日、取締役会での承認決議を経ることなく、当社の代表取締役として、経営状態の悪化している株式会社〇〇に対して〇〇〇〇万円の融資を行いました。しかし、その後、同会社は倒産するに至り、本社は融資額相当の損害を被ることになりました。貴殿の当該行為は、明らかに会社に対する忠実義務違反に該当するものであります。

従いまして、当職は、当社監査役として、会社法386条及び423条に基づき、貴殿に対して融資額相当の賠償を請求するものであります。

平成〇年〇月〇日

東京都〇〇区〇〇2丁目3番4号
株式会社〇〇
　　　　　監査役　五味寿和　㊞

東京都〇〇区〇〇1丁目2番3号
同社
代表取締役　忍田浩二　殿

ワンポイントアドバイス

①本例では、忠実義務（法令・定款・株主総会の決議を遵守し、会社に対して忠実に職務を行う義務）違反という構成をとりましたが、善管注意義務違反という構成も考えられます。

②会社の定款に規定がある場合には、その条項を具体的に指摘するのもよいでしょう。

12 会社の金銭を使い込んだ取締役に対する損害賠償請求書

民事・刑事の責任が生じる

■ 取締役に損害賠償を求める

　取締役が個人で借金をして返済に困った場合に、会社のお金を持ち出して使ってしまった場合は、業務上横領罪になり、刑罰に処せられます。会社にも損害を与えているので、民事上の損害賠償責任も負うことになります。
　また、使い込みを行ったのが取締役ではなく、従業員の場合で、退職した従業員が在職時に会社の金銭を使い込んでいたことが後になって発覚したような場合には私的に使用した金銭を返還請求することになります（参考文例を参照）。

〈参考〉元従業員に対して使い込み金の返還を請求する文書 ･･････････････

金員返還請求

　貴殿は、当社勤務中の平成○年４月１日から平成○年３月３１日までの間に、当社取引先から集金した当社売掛金のうち、少なくとも２０件、合計４５０万円を会社に納金せずに横領したことが判明しております。
　ついては、直ちに上記金員全額を支払うように請求します。
上記行為の重大性を省みず、支払いなき場合は、刑事告訴、民事上の訴訟提起を行いますので、予め通告します。

　平成○年４月１０日

東京都○○区○○１丁目２番３号
通知人　株式会社　松竹建設
代表取締役　甲野太郎　印

　○○県○○市○○町１２番地
　被通知人　乙川三郎　殿

文例　金銭を使い込んだ取締役に対する損害賠償請求書

　　　　　　　　　請　求　書

　貴殿は、平成22年度より、当社において取締役の地位にあります。

　しかし、当社の調査により、貴殿は、平成23年9月頃から、当社の帳簿類を不正に書き換え、当社の経費を私的に流用していたことが判明致しました。

　貴殿の行為により、当社は多大な損害を被りました。よって、当社は、会社法423条に基づき、貴殿に対して、金700万円の損害賠償を請求致します。

　なお、貴殿と当社は、貴殿の当社に対する損害賠償責任についての責任限定契約を締結しております。しかし、今回は、貴殿が故意に当社に損害を与えておりますので、責任限定契約により貴殿の損害賠償責任額は減額されないことを申し添えておきます。

　　　平成24年〇月〇日

　　　　　　大阪府〇〇市××町△△丁目〇番×号
　　　　　　△△△株式会社
　　　　　　　　　代表取締役　甲野一郎　印

　　　京都県××市〇〇町××丁目△番△号
　　　乙野二郎　殿

ワンポイントアドバイス

①どのような事実を根拠として損害賠償請求をしているのかを簡潔に記載しておくとよいでしょう。

②取締役が故意に会社に損害を与えた場合、責任限定契約による賠償額は減額はなされないので（会社法427条）、その旨を書いてもよいでしょう。

13 利益供与をした取締役に損害賠償を請求する

会社法は利益供与を禁止し、厳しい罰則を用意している

■ 利益供与とは

　利益供与とは、会社が株主の権利行使に関して、株主などに財産上の利益を与えることです。たとえば、株主総会の混乱を避けるために、総会屋の要求に応じて金品を与えるといったケースがあります。

　このような行為は、会社財産を浪費するものですし、会社経営の健全性を損ないます。そこで、会社法は利益供与を禁止し、取締役に重い責任を課すと共に、厳しい罰則を用意しています。

　なお、会社が特定の株主に無償で財産上の利益を与えた場合には、株主の権利行使に関して利益供与があったものと推定されます。また、有償で財産上の利益が供与された場合であっても、会社の受けた利益が与えた利益よりも著しく少ない場合（つまり、実質的にみて無償といえる場合）には、やはり、株主の権利行使に関して利益供与がなされたものと推定されます。利益供与が行われた場合、供与された者は会社や子会社にその利益を返還する義務を負います。

　一方、利益供与に関わった取締役は連帯して、供与した利益に相当する金額を会社に支払わなければなりません。会社が利益供与を受けた者から返還を受けている場合には、その分だけ取締役の責任は減少します。利益供与を行った取締役本人は、過失（不注意）がなくても責任を負いますが、利益供与に関与したにすぎない取締役は、利益供与を行った取締役に注意を促し、是正を求めるなどして監視の義務をつくしたことを証明すれば責任を免れます。なお、利益供与に関与した取締役の責任は、総株主の同意がなければ免除できません。

文例 利益供与をした取締役への損害賠償請求書

```
                請求書

 貴殿は、当社の取締役としての地位にあり
ます。
 当社は、平成24年6月に、定時株主総会
を開催致しました。貴殿は、この定時株主総
会に先立ち、平成24年4月頃に、当社の株
主である×××氏に対して、定時株主総会
において会社の提案に全て賛成するよう依頼
し、その見返りとして金300万円を交付し
ました。
 貴殿の行為は、会社法120条1項で規定
されている、株主の権利の行使に関する利益
の供与に該当します。
 よって、当社は、会社法120条4項に基
づき、貴殿に対して、供与した利益の額に相
当する金300万円の支払いを求めます。

 平成24年○月○日

      愛知県○○市××町△△丁目○番×号
      △△△株式会社
           代表取締役 甲野一郎 印

 静岡県××市○○町××丁目△番△号
 乙野二郎 殿
```

ワンポイントアドバイス

① 取締役のどのような行為が利益供与に該当するのかについて、簡潔に記載するのがよいでしょう。

② 利益供与に関与した取締役に対しては、利益供与に相当する額について金銭の支払いを請求することができます。本事例でも、利益供与の額と同じ額を取締役に請求しています。

14 会社が元取締役に対して競業の差止めを請求する

株主総会または取締役会の承認が必要となる

■ 競業取引とは

　競業取引とは、会社の事業の部類に属する取引を取締役・執行役が自己または第三者のために行うことです。たとえば、電化製品を扱うA社の取締役である甲が、B社の代表取締役として電化製品の取引をするような場合がこれにあたります。

　会社の取引先やノウハウ、企業秘密などを知っている取締役・執行役が、会社の競争相手となって取引をすることは、会社の利益を損ないます。そのため、取締役・執行役が競業取引をする場合には、株主総会（取締役会設置会社では、取締役会）の承認が必要となります。

■ 取締役会には取引の重要事実を明らかにすること

　取締役が競業避止義務に違反する行為をしようとするならば、取締役会の承認が必要となります。競業行為について取締役会の承認を得ることができたとしても、その取締役は自由に事業を行えるわけではありません。自分の事業の取引の結果について取締役会で報告しなければなりません。その報告を受けて取締役会は、それが以前に取締役がした説明どおりの取引かどうかを判断することになります。もし、報告とは違う取引が行われていた場合は、その取引について取締役会の承認がないわけですから、競業避止義務違反となり、違反した取締役は会社に対して損害賠償責任を負わなければなりません。また、取締役会で競業避止義務に違反する行為を承認した取締役も一緒に責任を負わなければなりません。

文例　元取締役に対しての競業の差止請求書

通知書

貴殿は、平成○年3月31日付で当社取締役を退任されました。その際、当社と下記1の合意をなしておられます。しかるに、貴殿は、現在、下記2の行為をなしており、当該行為は下記3に記載する理由から、下記1の合意に反すると解されます。よって、当社は、貴殿に対し、直ちに下記2の行為を止めるよう請求致します。

記

1　合意内容
　退任後2年間、自ら又は第三者のために当社との競業行為は行わないこと

2　行為
　平成○年10月1日付で株式会社○○の代表取締役に就任し、その業務を遂行中であること

3　合意に反する理由
　株式会社○○は、当社と競合する製品○○を販売することを主要な事業としていること

平成○年10月29日

東京都○○区○○1丁目山田ビル3-2
ミンビ株式会社
代表取締役　鳴門一郎　印

東京都○○市○○2丁目25-8
山本卓　殿

ワンポイントアドバイス

①文例は、退任後も「一定期間は競業行為を行わない」旨を合意している取締役に対する競業行為の差止めを求める書面です。
②具体的には、当該元取締役が退任取締役に該当すること、退任後に競業行為を行わない旨の合意が存在すること、当該元取締役が競業行為を行っていること、そのような行為を止めるように請求する旨を記載します。

15 株主が取締役の行為の差止めを請求する

株主には差止請求権が認められている

■ 株主の違法行為差止請求権

　取締役が違法な行為をしようとしている場合、個々の株主は、会社のために、その行為をやめるように請求することができます。

　本来ならば、会社が自ら取締役の違法行為を差し止めるべきですが、会社の業務執行にたずさわっている取締役が、自分や他の取締役の違法行為を止めることは期待できません。そこで、株主に差止請求権を認めたのです。

　株主による違法行為差止請求が認められるのは、取締役が会社の目的の範囲外の行為や法令・定款に違反する行為をし、またはそのおそれがある場合で、その行為によって会社に著しい損害が生じるおそれがあるときです。監査役設置会社や委員会設置会社では、「著しい損害」発生のおそれではなく、「回復することができない損害」発生のおそれがなければ、差止請求ができません。

　また、違法行為差止請求権は、公開会社の場合、6か月前から引き続き株式をもつ株主にだけ認められます。非公開会社の場合は、6か月の保有期間は不要です。

　差止請求は、裁判以外で行うこともできますが、裁判所に訴え（差止めの訴え）を提起して行うのが通常です。差止めの訴えは、株主が会社に代わって行うものですから、株主代表訴訟（46ページ）と同様のものと捉えることができます。株主が勝訴した場合も敗訴した場合も、その判決の効果は、会社に及びます。

文例　取締役の行為の差止請求書

```
　　　　　　　　　通知書

　当方は、平成○年○月○日以来、御社の普通株式○○○○株を保有しております。当方による調査の結果、貴殿が、株式会社○○に対して○○○○万円の融資を予定していることが判明しました。株式会社○○は業績が悪化の一途をたどっており、減資を行うまでになっております。そのため、当該融資は実質的に回収見込みのないものであり、御社に対して融資額相当の損害を与えることになります。
　ゆえに、貴殿の行為は取締役の会社に対する善管注意義務に違反し、法令及び定款に違反するものであるため、当方は、これに対して差止めを請求するものであります。

　平成○年○月○日

　　　東京都○○区○○1丁目2番3号
　　　　　　　　　　　三田一郎　　印

　東京都○○区○○2丁目3番4号
　株式会社田中商会
　代表取締役　　田中一郎　　殿
```

ワンポイントアドバイス

①書面には、6か月以上前から株式を保有していること、取締役が法令・定款に違反する行為や善管注意義務違反の行為をしていること、または、そのおそれのあることを記載します。

②そして、会社に著しい損害が発生するおそれがあることを記載します。

16 監査役が取締役の違法行為の差止めを請求する

監査役にも、取締役の違法行為差止請求権が認められている

■ 監査役による違法行為差止請求権

　監査役とは、取締役の業務執行を監査することを任務とする株式会社の機関のことです。監査役は、取締役会に出席することができますから、取締役の違法行為を見つけることができる地位にあります。そこで、監査役にも、取締役の違法行為差止請求権が認められています（会社法385条）。

　監査役の違法行為差止請求権は、取締役が会社の目的の範囲外の行為その他法律や定款に違反する行為をし、または、それらの行為を行うおそれがあり、その行為によって会社に著しい損害が発生するおそれがある場合に認められます。

■ 違法行為の差止請求権

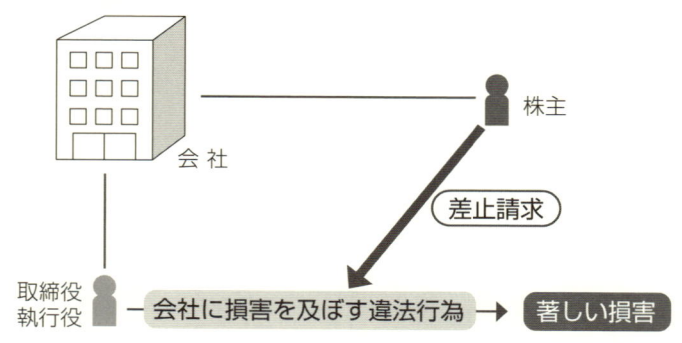

文例　取締役の違法行為の差止請求書

通知書

貴殿は、当社の代表取締役という立場にありながら下記1の行為を行うことを企図されているようです。同行為を行うならば、下記2の理由により、当社に下記3の損害が生ずるおそれがあります。よって、監査役である当職は、会社法385条1項により、貴殿に対して下記1の行為に着手することをやめるよう請求致します。

記

1　企図される行為の内容
　取締役会で反対の決議がなされた株式会社○○への1億円の無担保融資

2　当社に損害が生じる理由
　株式会社○○は、三期連続赤字決算であり、貸付金の返済能力がないものと解される。

3　当社に生じるおそれのある損害額
　株式会社○○への融資金1億円

平成○年9月1日
　　東京都○○区○○1丁目25-7
　　株式会社大敷商事
　　　　　　　監査役　盛田昭之助　印
東京都○○区○○2丁目25-7
当社
代表取締役　清水元蔵　殿

ワンポイントアドバイス

①文例は、監査役による取締役の行為の差止請求を行う書面です。
②通知の相手方が当該株式会社の取締役である旨の指摘、代表取締役が会社の「目的の範囲外の行為」、または「法令・定款に反する行為」を行おうとしていること、そのような行為がなされると、会社に著しい損害が生じるおそれ（可能性）があること、監査役による差止請求である点を明記します。

17 取引先が取締役に対して損害賠償を請求する

会社役員が職務を怠って第三者に損害を与えた場合、損害を賠償する責任がある

◼ どのような場合に責任を負うのか

　取締役に任務懈怠についての悪意(知りながら)または重過失(重大な不注意)があった場合、取締役はそれによって第三者が受けた損害を賠償する責任を負います(会社法429条)。第三者に対する加害行為そのものが、わざとや不注意によるものでなかったとしても、任務を怠ったことを知っていた場合や重大な不注意で知らなかった場合であれば、取締役の責任が認められます。

◼ 責任を負うべき損害の範囲は

　第三者に損害が発生するケースとしては、まず、取締役の行為によって直接第三者が損害を被る場合(直接損害)があります。
　次に、取締役の行為から1次的に会社が損害を受け、その結果として2次的に第三者が損害を受ける場合(間接損害)があります。たとえば、取締役の任務懈怠によって会社が倒産したため、会社に金銭を貸し付けていた人が貸金を回収できなくなったというような場合が間接損害の例です。
　第三者を強く保護する必要がありますから、取締役は、直接損害だけでなく間接損害についても責任を負うことになります。なお、取締役が責任を負うことになる「第三者」とは、取締役・会社以外の者という意味です。会社債権者はもちろん、株主も会社そのものではありませんから、第三者にあたります。また、会社の従業員も「第三者」に含まれます。

文例　取引先から取締役に対しての損害賠償請求書

損害賠償請求書

　当社は、株式会社○○の代表取締役である貴殿からの申込みに応じて、平成○年○月○日に、同年○月○日を返済期限とする○○○○万円の融資を行いました。しかし、その後、平成○年○月○日、株式会社○○は倒産するに至り、当社は上記融資額全額相当の損害を被ることになりました。当該倒産は貴殿ら執行部の乱脈経営と粉飾決算に起因するものであり、融資の際に貴殿が当社に対して開示した貸借対照表も粉飾によるものであることが判明しました。

　つきましては、当社の被った損害につき、会社法429条に基づき、代表取締役である貴殿に対し、賠償請求させて頂くものであります。

　平成○年○月○日

　　　東京都○○区○○1丁目2番3号
　　　　株式会社第一企画
　　　　　　代表取締役　今井次郎　印

　　　東京都○○区○○2丁目3番4号
　　　　千田次郎　殿

ワンポイントアドバイス

①書面では、通知の相手方がどのような役職にあり、どのような点に悪意又は重過失があるかを記載します。
②また、それに起因して通告人にどのような損害が発生したのかがわかるように具体的に記載します。

18 不良取締役が退職したことを取引先に知らせる

社内のゴタゴタが取引先に悟られないような書面にする

■ 会社に損害が生じないように速やかに処理する

　文例は、取締役が退社した旨を担当先に知らせるものです。このような書面で、あらかじめ、その取締役の退任の事実を取引相手に知らせておくのは、後に、表見代理が成立することを防止することにも役立ちます。もっとも、退職した取締役の人格権を侵害するような記載をした場合には、逆に、その取締役から損害賠償の請求を受ける可能性もありますので、「一身上の理由につき退任致しました」程度の記述に留めておくのが無難です。また、取締役ではなく、従業員が退社する場合にも取引先に通知しておくのがよいでしょう（参考文例を参照）。

〈参考〉不良社員が退職する事実を担当取引先に知らせる通知 ……………

```
                        通知書
1　貴社とは、数年にわたる取引関係にありますが、その間、営業2課課長代理の作
　田君雄が貴社を担当しておりました。
2　しかし、今般「一身上の都合」にて同人が弊社を退社することになりました。そ
　れにより、作田君雄の行為は、今後、当社と一切の関わりを有しないものとなりま
　した。
3　つきましては、代わりの担当者を至急決定し、その者に貴社との取引にあたらせ
　ますので、ご了承願うと共に、上記念のためご通知致します。

平成○年5月25日
                            東京都○○区○○1番26-1-405
                                       株式会社　徳江商会
                                       代表取締役　右田幸弘　印

東京都○○区○○12番25の1
　　株式会社　エバンス
　　代表取締役　吹田光三　殿
```

文例 退職したことを取引先に知らせる通知書

> 通知書
>
> 拝啓　時下ますますご清栄のこととお慶び申し上げます。
>
> 　当社では、××××が、長年にわたり取締役としての任務を全うして参りました。
>
> 　しかし、××××の一身上の都合により、平成24年6月の定時株主総会をもちまして、××××は当社の取締役を退任致しました。
>
> 　そのため、平成24年6月以降に××××が行う契約・交渉などの一切の取引に関する行為につきましては、当社とは何らの関係も御座いませんので、ご理解頂きますようお願い致します。
>
> 　今後とも、格別の支援を何卒宜しくお願い申し上げます。
>
> 敬具
>
> 平成24年○月○日
>
> 　　　福岡県○○市××町△△丁目○番×号
> 　　　　　　△△△株式会社
> 　　　　　　　　代表取締役　甲野一郎　印
>
> 　　　長崎県××市○○町××丁目△番△号
> 　　　□□□株式会社
> 　　　代表取締役　　乙野二郎　殿

ワンポイントアドバイス

①取締役が退任し、その元取締役と会社とは関わりがないことを予め取引先に通知しておけば、表見代理の成立を防ぐことに役立ちます。

②相手方に対してより丁寧な表現で通知する場合には、手紙の書き方に従い、「拝啓」「敬具」などの頭語・結語を記載するのがよいでしょう。

19 株主が会社に対して株券不所持を申し出る

株主は、会社に株券不所持の申し出をすることができる

■ 株券は発行しないのが原則

　株券とは、株主であることを表す有価証券です。有価証券ですから、ただの証明書とは違い、株券自体に金銭的な価値があります。

　ただし、会社法の下では、株券を発行しないことが原則とされています。また、株式会社の株主は、会社に対して「株券不所持の申し出」をすることができます（会社法217条）。

　株主からの申し出を受けた会社が、当該株主に対し株券不所持の申し出を了承した場合にはその旨を通知することになります（参考文例を参照）。

〈参考〉株主からの株券不所持の申し出に対する回答

通知書

　当社は、貴殿からの平成○年９月３日付株券不所持の申し出に関する通知を確かに受領致しました。従いまして、会社法２１７条３項の規定に従い、その旨を株主名簿に記載致しました。
　また、当社の株式および株券に関する事務については、○○証券株式会社に代行を依頼しております。従いまして、株券不所持の事務手続については、同社からご通知申し上げることになります。従いまして、貴殿所持の株券の提出に関しましても、上記○○証券株式会社が取り扱いますのでご了承下さい。
　なお、貴殿が株券を提出された時点で、それらは無効となります点も併せて通知致します。

平成○年９月７日

　　　　　　　　　　　　　　　東京都○○区○○６－７－１
　　　　　　　　　　　　　　　株式会社ネクサス投資
　　　　　　　　　　　　　　　代表取締役　　柏原剛二　印

東京都○○区○○１丁目１４－８
（通知人・株主）　　行永智三　殿

文例　株券不所持申出書

```
　　　　　　　株券不所持申出書

　私は、貴社発行の普通株式２００株を所有
する株主であります。
　この度、会社法２１７条の規定に従い、上記
株式にかかる株券について「株券不所持制度
」を利用することに致しましたので、その旨
を申し出ます。
　つきましては、本制度に関し、貴社の事務
手続に関する通知を請求致します。
　貴社からの通知があり次第、私の所持する
上記株式に係る株券は、貴社または株式事務
代行機関に提出致します。

　　　平成〇年〇月〇日

　　　　　東京都〇〇区〇〇１丁目１４－８
　　　　　（通知人・株主）　　行永智三　印

　東京都〇〇区〇〇６－７－１
　株式会社ネクサス投資
　代表取締役　柏原剛二　殿
```

ワンポイントアドバイス

①文例は、株主から会社に対して自己の所有する株式について、株券不所持の扱いを請求するものです。

②通知人が当該会社の株主であること、通知人が上記株式について、株券の所持を希望しない旨、通知人が現在所有している株券については、会社または株式事務代行機関に提出する旨を記載します。

20 株主が会社に対して株式譲渡の承認を請求する

会社は譲渡を承認しないときは相手方を指定する

■ 株式は譲渡制限されている場合が多い

　比較的規模の小さな会社では、株式を譲渡するには株式会社（取締役会設置会社の場合には、取締役会）の承認を必要とする旨を定款で規定していることがあります。株式の譲渡を制限している会社の株式を、株主が譲渡しようという場合には、株主は会社に対して、譲渡の相手方および譲渡しようとする株式の種類と数を記載した書面をもって、譲渡を承認するように請求することができます。これと合わせて、会社が譲渡を承認しないときは、譲渡の相手方を会社が指定すべきことを請求することもできます。

■ 譲渡の承認を請求する場合の書面の書き方

　文例は、株式の譲渡制限会社において、株主から会社（取締役会）に対して株式譲渡の承認を請求する書面です（会社法136条）。
　書面に記載すべき事項は、以下の通りです（会社法138条）。
a 通知人が当該譲渡制限会社の株主であること
b 譲渡する株式の種類および数
c 株式の譲受人についての記載
d 当該譲渡に関し、会社の承認を求める旨の記載
e 承認しない場合は、会社または会社の指定した者が買い取ることの請求

文例 株式譲渡承認請求書

> 株式譲渡承認請求書
>
> 　私は、貴社発行の普通株式50株を所有する株主です。
> 　今般、そのうち20株を下記譲受人に譲渡することになりました。
> 　つきましては、本件譲渡を貴社取締役会において承認して頂きたく、会社法136条及び107条1項に基づき、本書面にて請求致します。
> 　また、万一、取締役会にて承認頂けない場合には、貴社にて譲受人を指定することをも本書面にて併せて請求致します。
>
> 　　　　　　　　　　　記
> 譲渡相手の記載
> 　住所　　東京都○○区○○2丁目4－5
> 　氏名　　太田浩一
>
> 平成○年8月31日
>
> 　　　　東京都○○区○○1丁目47番の2
> 　　　　　（通知人・株主）　　中西祐介　㊞
>
> 東京都○○区○○1丁目2番3号
> 株式会社メディアパイレーツ
> 代表取締役　大橋雄一　殿

ワンポイントアドバイス

①文例は、株式の譲渡制限会社において、株主から会社（取締役会）に対して株式譲渡の承認を請求する書面です（会社法136条）。

②株式の譲渡制限会社とは、株主が所有株式を譲渡するのに会社（文例では取締役会）の承認を必要とする形態の会社です（会社法107条1項）。

21 株式譲渡の申し出に対する不承認の回答

会社は自ら買い取ることもできる

2週間以内に通知する

　株主から株式譲渡の承認の請求があったのに対して、取締役会が譲渡を承認しないときは、会社は請求の日から2週間以内に、その旨を株主に書面で通知しなければなりません。株主が、もし会社が株式譲渡を承認しないときは相手方を指定するように請求してきたときは、会社はその請求の日から2週間以内に株主に対して書面で相手方指定の通知をしなければなりません。会社が、譲渡承認の請求の日から2週間以内に承認しない旨の書面による通知をしないとき、あるいは、相手方指定の通知をしないときは、会社は譲渡を承認したものとみなされます。なお、会社は一定限度で譲渡の相手方として自己（会社）を指定して、自らこれを買いとることもできます。

■ 株式の譲渡承認の手続き

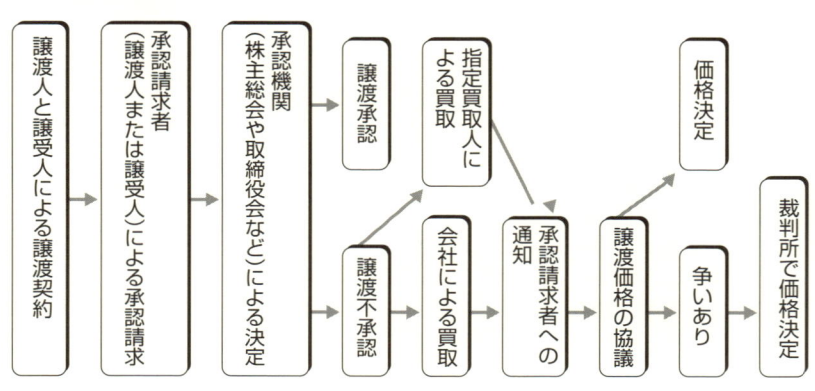

譲渡人と譲受人による譲渡契約 → 承認請求者（譲渡人または譲受人）による承認請求 → 承認機関（株主総会や取締役会など）による決定 → 譲渡承認／譲渡不承認 → 指定買取人による買取／会社による買取 → 承認請求者への通知 → 譲渡価格の協議 → 価格決定／争いあり → 裁判所で価格決定

文例　株式譲渡の申し出に対する回答書

回答書

平成○年○月○日、貴殿より当社の普通株式○○○○株の山本太郎氏への譲渡の承認、及び、承認がない場合の譲受人指定の請求がございましたが、当該請求に対して本書面により回答させて頂きます。

山本太郎氏への譲渡につきましては、平成○年○月○日の取締役会において、諸般の事情を慎重に協議した結果、承認できないことと決定しました。そして、当該株式の譲渡につきましては、当社は下記記載の人物を譲受人として指定することと決定した旨、ここに通知させて頂きます。

（譲渡の相手方の表示）
東京都○○区○○1丁目2番3号
山本太郎氏

平成○年○月○日

　　　　東京都○○区○○2丁目3番4号
　　　　株式会社マチダ
　　　　　　代表取締役　町田一郎　印

東京都○○区○○1丁目2番3号
大井一郎　殿

ワンポイントアドバイス

①文例では、会社に対し、株式の譲渡を希望する株主からの譲渡承認の請求があったケースでの、会社側からの回答例を示しています。
②譲受人を指定する場合、その者の住所と氏名を表示します。

22 株主が会社に対して新株発行の差止めを請求する

新株発行によって不利益を受けるおそれのある株主を守るための手続き

■ 株主に新株発行の差止請求権が認められている

　会社成立後に会社が新たに株式を発行することを新株発行といいます。特定の株主に特に有利な価格で新株を取得させるような行為を有利発行と言います。原則として株主総会の特別決議（原則として議決権を行使できる株主の議決権の過半数をもつ株主が出席し、出席した株主の議決権の3分の2以上で成立する決議のこと）がなければ、法令違反となり、株主が発行を差し止める請求を裁判所に起こすことができます。これは、株主平等の原則に反するためです。

■ 新株発行と株主保護

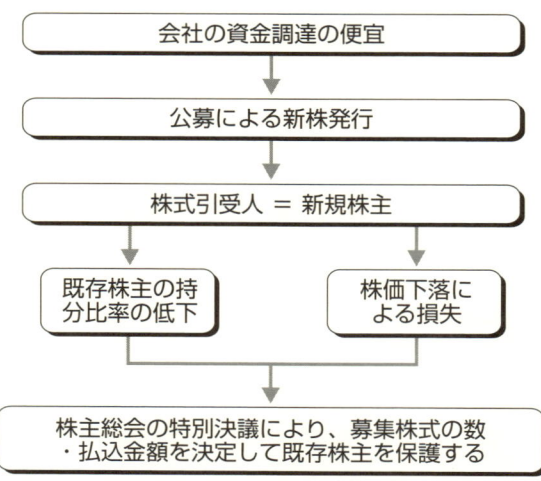

```
会社の資金調達の便宜
    ↓
公募による新株発行
    ↓
株式引受人 ＝ 新規株主
    ↓              ↓
既存株主の持    株価下落に
分比率の低下    よる損失
    ↓              ↓
株主総会の特別決議により、募集株式の数
・払込金額を決定して既存株主を保護する
```

※公開会社の場合は、株主への通知・公告によって新株発行差止めの機会を与える。

文例 会社に対してする新株発行の差止請求書

> 通知書
>
> 　当方は、御社の発行する普通株式〇〇〇〇株を所有している者です。
> 　御社では、去る平成〇年〇月〇日開催の取締役会において、〇〇〇〇〇〇株の新株発行をする旨の決議がされました。
> 　しかし、当該新株発行は、下記に記載する通り著しく不公正な方法であり、会社法210条2号の事由に該当します。よって、同条に基づいて、新株発行の差止めを請求致します。
>
> 記
>
> 　昨今の状況下では、御社にとって新規の資金調達の必要性はまったくなく、代表取締役和田一郎氏以下執行部の経営権を維持するため、反対派株主の持分割合を低下させることを目的とするものであるから。
>
> 　平成〇年〇月〇日
> 　　　東京都〇〇区〇〇1丁目2番3号
> 　　　　　　　　　　　山田雅夫　印
>
> 東京都〇〇区〇〇2丁目3番4号
> 　株式会社土田建設
> 　代表取締役　土田一郎　殿

ワンポイントアドバイス

①既存の株主以外の者を対象として新株を発行する場合、株主に不利益が生じるおそれがあります。
②記載にあたっては、差止めの理由となる「著しく不公正な方法による発行であること」を具体的に示すようにしましょう。

23 事業譲渡に反対する株主が会社に対して株式買取を請求する

事業譲渡に反対する株主には株式買取請求権が認められる

■ 事業譲渡とは

　事業譲渡とは、会社の事業を他に譲渡（売却など）することです。これに対し、会社そのものを売る場合は、企業譲渡または企業売却（会社売却）といいます。事業譲渡は、①会社を倒産から救う、②会社を清算する、③事業再編をするなどの場合に使われます。

　事業譲渡の形態としては、①手がけている事業を全部譲渡する場合と、②複数ある事業のうち重要な事業を譲渡する場合があり、原則として株主総会の特別決議（原則として議決権を行使できる株主の議決権の過半数をもつ株主が出席し、出席した株主の議決権の3分の2以上で行う決議）が必要となります。一方、事業を譲り受ける場合も、事業の全部譲受の場合には原則として株主総会の特別決議が必要となります。

　事業を譲渡した会社は、事業譲渡の日から20年間、一定地域内で譲渡した事業と同一の事業を行うことが禁止されます（競業避止義務）。事業譲渡に合わせて、商号を引き継ぐこともできます、譲受会社は、会社法上、譲渡会社の債権者に対しても弁済責任を負うこともあるので気をつけなければなりません。

　なお、事業譲渡に反対する株主には株式買取請求権が認められます。株式買取請求権の発生要件は、a株主が総会前に当該事業譲渡につき反対の意思を会社に対して通知していたこと、b株主が当該事業譲渡につき株主総会で反対したこと、c株主総会で事業譲渡の承認決議がなされたことです。書面では、これらの事実を列記します。

文例　会社への株式買取請求書

株式買取請求書

平成○年○月○日に開催された貴社の第○回定時株主総会において、「○○事業部門」を株式会社○○に譲渡する旨の議案が議決されました。当方は、この議案に関して総会期日以前に反対の意思を貴社に対して通知しており、かつ、総会では反対の旨、議決権を行使しております。

従いまして、会社法469条に基づいて、当方は、その所有する株式○○○○株を公正な価格にて貴社が買い取ることを、本書面により請求致します。

平成○年○月○日

東京都○○市○○1丁目2番3号
　　　　　　　　　　元木一郎　　印

東京都○○区○○2丁目3番4号
株式会社東光電機
代表取締役　東光一郎　殿

ワンポイントアドバイス

①事業譲渡に反対する株主を保護するために、株式買取請求権が与えられています。
②文例は、株主が株式買取請求権を行使する場合の書面です。

24 退任後に社内の機密を漏えいした元取締役に対する損害賠償請求

損害賠償請求や、事前の差止め請求が認められることもある

■ 取締役が退任後に負う義務がある

在任中の取締役が会社の機密情報を漏らした場合は、会社に対して損害を賠償する責任を負います。また、刑事上の責任を負うこともあります。

もし、秘密情報が漏れて、会社全体に損害を与えた場合には、取締役は損害賠償を請求されることがあります。また、情報を口外した責任で、取締役を解任されるか、解任まではされなくても、任期満了の際に再任されない場合もあります。

ただ、取締役を退任した後に会社の情報を漏らした場合は、取締役としての守秘義務は原則として負いません。なぜなら、取締役をすでに退任していますから、退任している取締役は、会社に対して取締役として負うべき義務がないからです。退任後には、就任中のように会社に拘束されないのが原則です。

しかし、在任中に会社と取締役との間で「退任後も会社で知り得た情報を漏らしてはならない」という秘密保持契約を結んでいた場合、誓約が契約の効力を持つので、退任後に機密情報を漏らすと、債務不履行としての損害賠償請求や、事前の差止請求が認められることもあります。ただし、その契約が、取締役から経済活動の自由を奪ってしまい、何もできないほど制約している場合は、職業選択の自由を侵害する不当な契約として無効になる可能性もあります。もし、会社が退任する取締役と秘密保持についての契約を交わすのであれば、その内容を合理的範囲・程度にとどめておく必要があるでしょう。

文例 社内の機密を漏えいした元取締役に対する損害賠償請求書

请求书

　貴殿と当社は、貴殿が当社の取締役を退任される際に、貴殿が取締役の職務を遂行する過程で得た当社の情報を社外に漏えいしてはならないとする守秘義務に関する契約（以下「本件契約」という）を締結致しました。
　しかしながら、当社の調査により、貴殿は、当社の取締役を退任した平成23年3月以降、当社と競業関係にある○○株式会社に対して当社の営業に関する情報を漏えいし、見返りとして○○株式会社から多額の金銭を受け取っていることが判明致しました。
　これは、明確に本件契約違反となる行為であり、当社は、本件契約第○条に基づき、貴殿に対し、金××万円の損害賠償を請求致します。

平成24年○月○日

東京都○○区××町△△丁目○番×号
□□□株式会社
代表取締役　甲野一郎　印

埼玉県××市○○町××丁目△番△号
乙野二郎　殿

ワンポイントアドバイス

①退任後の取締役に対して守秘義務違反を理由とする損害賠償請求をするには、原則として退任後の守秘義務に関する契約を締結しておくことが必要です。
②守秘義務契約を締結する際には、損害賠償の額も明記しておくとよいでしょう。

Column

消費者を保護する法令がある

　消費者と事業者との間には情報の質や量、交渉力などの面において絶対的な格差があります。そのため、消費者と事業者が契約する場合には、消費者契約法をはじめ、特定商取引法や割賦販売法といった法令の規制が適用されます。

　特に重要なのが特定商取引法などで定められている**クーリング・オフ**です。クーリング・オフとは、消費者が、法律で定められた特別な場合に行使することができる解除または申込みの撤回のことです。たとえば、訪問販売を例にあげると、事業者は商品販売の際に消費者に対して書面を交付しなければなりません。この書面を交付した日も含めて8日を過ぎればクーリング・オフされることはなくなります。

　事業者は、契約の際に書面を交付することが必要ですが、書面であればどのような書面でもよいということはなく、販売商品の名称・種類・数量・商品の販売価格・支払方法・引渡時期・クーリング・オフといった法律で定められた事項をすべて明記した書面を交付しなければなりません。訪問販売を例に挙げましたが、書面の記載内容は各取引によって異なります。

　特に重要なことは、正確に記載することです。たとえば、「呉服一式」「工事一式」という記載ではどのような呉服や工事なのかが明らかにならないので有効な契約書面とは認められません。

　このように、法定の記載事項を欠いた、あるいは記載として不十分な書面を交付しても、書面を交付したとは扱われないのです。そのため、クーリング・オフの起算点が定まらない以上、消費者は、いつまで経ってもクーリング・オフできることになります。事業者は、法令に従った営業活動をすることが必要です。

第 2 章

人事・労務

1 会社が採用内定者に対して内定を取り消す旨を通知する

内定を取り消すためには合理的な理由がなければならない

■ 合理的な理由がない内定取消は違法である

　会社は学校卒業予定者に対して、採用内定の通知を出すのが通常です。誓約書の提出を求める企業もあるでしょう。志望する会社から内定を受けて就職活動を中止すれば、それ以降は他の会社に採用される途はなくなります。また内定者は、会社の研修に参加することを求められることもあります。

　採用内定者と会社との間の関係は、法的には、労働契約はすでに成立していると考えられています。つまり「卒業後、予定された入社日から働く」という内容の労働契約が成立していることになります。ただ、前述したように、この契約は、採用内定通知書や契約書に記載されている一定の取消事由が生じた場合には、使用者の側で解約（内定取消）できるという解約権が留保されているといえます。

　しかし、内定の取消は、他社への就職のチャンスを奪い学生に大きなダメージを与えます。ですから、解約するには合理的な理由がなければなりません。最高裁判所も合理的理由のない採用取消は許されないとしています。

　では、どんな場合に内定を取り消す事ができるのでしょうか。抽象的に言えば、使用者と内定者との間の信頼関係を破壊するような事実が内定者に起こったときや著しい経済事情の変動があった場合がこれにあたります。内定を取り消す場合には、内定を取り消さざるを得ない事情を記載することになります。

文 例　内定を取り消す旨の通知書

通知書

去る平成○年○月○日、当社において行われた採用試験の結果、当社は貴殿に対して採用内定の通知を致しました。しかし、平成○年○月○日に東京都○○区○○にて起きた傷害事件につき、この度、貴殿は刑事事件の被告人として訴追されることになりました。

従いまして、誠に遺憾ながら、貴殿に対する採用内定を取り消すこととし、本書面にてその旨を通知させて頂きます。

平成○年○月○日

東京都○○区○○1丁目2番3号
株式会社エヌ
　　　代表取締役　山田安雄　印

東京都○○区○○2丁目3番4号
川田一郎　殿

ワンポイントアドバイス

①本採用と採用内定は法律上異なったものとして取り扱われます。採用内定は、法律上は解約権留保つき労働契約（使用者側に解約をする権利がある）です。
②使用者は自由に解約できるわけではなく、社会常識に照らして、合理的かつ客観的に正当な理由がなければなりません。本文例のケースの他に、経歴詐称をしたような場合にも、採用内定の取消しが可能となります。

2 試用期間中の労働者を解雇する

14日以内の解雇は、解雇予告がいらない

14日以内なら解雇できる

　正規従業員を採用する際に、入社後の一定の期間（通常は3か月程度）を、人物や能力を評価して本採用するか否かを判断するための期間とすることがあります。これを試用期間といいます。試用期間を設けるにあたって注意しなければならないことがあります。それは、たとえ「試用期間〇か月」などと明確に示して雇用契約を締結したとしても、法律上は本採用の雇用契約と同じように扱われるということです。「本採用の見送り」は解雇と同じとみなされるので、解雇予告（会社が労働者を解雇する場合、会社は少なくとも30日前までに解雇を予告しなければならないという原則のこと）など、解雇の手続きに沿って本採用の見送りを行う必要があります。

　ただ、実際に働かせてみたところ、面接では判別しきれなかった実務能力やコミュニケーション能力に問題があることがわかり、本採用することが難しいと考え直すことはあるでしょう。そのため、労働基準法21条では、試の使用期間（労働基準法21条で定められている解雇予告が適用されない試用期間のこと）中の者を14日以内に解雇する場合には、通常の解雇の際に必要な「30日前の解雇予告」や「解雇予告手当金の支払い」をしなくてもよいと規定しています。試用期間中の労働者でも、雇入れから14日を経過している場合には、労働基準法20条の適用があるので、解雇をするには、30日以上前の通知が必要です。この書面が20条の通知を兼ねている点も指摘しておきます。

文例　解雇予告通知書

```
　　　　　　　解雇予告通知書
1　当社は、平成○年4月1日に、試用期間
を3か月とする雇用契約を貴殿と締結しまし
た。
2　上記契約に基づき、貴殿には○○部○課
において、勤務して頂いております。しかし
、貴殿の労働状況、当社の労務内容への適合
性、及び周囲との人間関係の構築等、諸般の
事情を考慮した結果、本日の人事部会議にお
きまして貴殿が当社の要求する水準に達して
おらず、将来も達することはないであろうと
の結論に達しました。
3　従いまして、誠に残念ですが、当社は貴
殿を本採用しないこととしました。
4　また、本書面をもって、労働基準法20
条により、6月30日付で解雇することを予
め通知致します。

　　　平成○年6月1日
　　　　　東京都○○区○○2丁目5番3号
　　　　　株式会社専新社
　　　　　　　　代表取締役　江本和一　印

　　　東京都○○区○○2丁目1番1号
　　　冴野五郎　殿
```

ワンポイントアドバイス

①まず、雇用契約の締結について、a締結日、b試用期間の定めがあることを明示して記載します。

②次に、相手方が契約に従い、労務に服していることを述べ、相手方の労働状況から判断して、本採用に至る水準に達していないことを述べます。このときは、どのような要素に基づき、誰がそのような判断をしたのかを記載します。

③ 身元保証人に本人の任地変更を知らせるとき

身元保証人の責任を加重するようなおそれがある場合に通知する

身元保証とは

　身元保証契約は、被用者の行為によって使用者が損害を受けた場合に、身元保証人がその賠償を約束する契約です。身元保証は、保証とはいっても、通常の保証とは異なり、主たる債務が存在しない一種の損害担保契約です。

　「身元保証に関する法律」によれば、使用者は、被用者に業務上不適切または不誠実な事跡があるために、身元保証人の責任を生じさせるおそれがあるときや、被用者の任務や任地を変更し、そのために身元保証人の責任を加重し、またはその監督を困難にするときは、身元保証人に通知しなければならないとされています。法律は遅滞なく通知する旨を規定していますが、文例のように事前の通知であっても問題はありません。身元保証人がこの通知を受けたときや、通知がなくても右の事実を知ったときは、身元保証人は将来に向けて身元保証契約を解除することができます。

　身元保証契約は、その存続期間を定めなかったときは、被用者が商工業見習者の場合は契約成立から5年、その他の場合は3年です。存続期間を定める場合は、その期間は5年以内でなければなりません。更新もできますが、その場合は5年を超えることはできません。身元保証人は、本来なら、使用者が被用者によって被った損害の全額について責任を負うべきものですが、裁判所は身元保証人の損害賠償責任の有無や賠償金額を判定する場合には、身元保証をした事情や被用者の任務の変化その他一切の事情を斟酌（考慮）することができます。

文例　身元保証人に本人の任地変更を知らせる通知書

　　　　　　　　　　通知書

拝啓　時下ますますご清栄の事とお喜び申し上げます。
　さて、貴殿は、当社社員丙山三郎氏の身元保証人となっておられますが、同人は、来る平成〇年5月1日付をもって、本社営業部から東北支社営業部に移動となります。
　上記事実を、身元保証ニ関スル法律3条によりご通知させて頂きます。
　　　　　　　　　　　　　　　　　敬具

　平成〇年4月15日

　　　　東京都〇〇区〇〇1丁目2番3号
　　　　通知人　株式会社　鶴亀商事
　　　　　　　代表取締役　甲野一郎　印

　〇〇県〇〇市〇〇町字123番地
　被通知人　乙川二郎　様

ワンポイントアドバイス

①文例はその通知すべき場合の一つである、被用者（被保証人）の任務又は任地の変更について、身元保証人に通知するものです。
②相手方に対してより丁寧な表現で通知する場合には、手紙の書き方に従い、「拝啓」「敬具」などの頭語・結語を記載するのがよいでしょう。

4 名ばかり管理職を理由とする残業代の支払請求に反論する

実体も管理職の地位にある者には残業代を支払う義務はない

■ 名ばかり管理職とは

　一般に、管理職とは係長や課長、部長などの役職名のついた人と認識されています。しかし、本来「管理監督者」とは、①労働条件の決定その他労務管理について経営者と同じような立場にあるなど、大きな権限を有していること、②出退勤時間や休憩時間、休日などについて拘束されないこと、③相応の賃金を支給されていること、といった要件を満たす者をいいます。つまり、たとえその人が会社で「管理職」と呼ばれる役職についていたとしても、管理監督者ではないと判断されれば残業代を請求することができるということになります。このように、実態は管理職の権限のない社員であるにもかかわらず、主に残業手当を支給しないことを目的として役職を与えられた管理職者を「名ばかり管理職」といいます。

■ 労働者とのトラブル

　労働者が名ばかり管理職であることを理由に残業代の支払を請求してきた場合、会社としてその労働者が実体上も管理職である場合には争うことになります。労働者が管理職の地位にある者であった場合には、通常は残業代を支払う義務はありませんので、労働者が監督・管理の権限を有する監督管理者であることを裏付ける証拠を用意します。

　労働者とのトラブルに備えるという意味でも、会社は、タイムカードや就業規則、雇用契約書、協定の書面、業務日報、報告書といった書類の整理・管理を日頃から徹底しなければなりません。

文例　残業代の支払請求に反論する通知書

通知書

　先日、貴殿から、残業代の支払請求に関する内容証明郵便を受領致しました。
　しかし、貴殿は、他の従業員を管理・監督する立場にあるので、当社は、労働基準法41条2号により、残業代の支払義務を負うことはありません。
　貴殿は、自分がいわゆる「名ばかり管理職」であり、不当に残業代が支払われていないと主張されています。
　しかし、当社は、貴殿に対して十分な役職手当を支給しています。また、貴殿に対し、労働時間に関する裁量権も与えています。
　従って、貴殿は、労働基準法41条2号の管理監督者であり、いわゆる「名ばかり管理職」には該当せず、当社としては、貴殿からの請求に応じないことを通知致します。

平成24年〇月〇日

　　　広島県〇〇市××町△△丁目〇番×号
　　　　△△株式会社
　　　　代表取締役　甲野一郎　印

広島県××市〇〇町××丁目△番△号
乙野二郎　殿

ワンポイントアドバイス

①いわゆる「名ばかり管理職」に該当するかどうかは、実際の職務内容や労働者の裁量権の有無、待遇などを考慮して判断されます。

②労働者に広い裁量権があったり、役職手当が十分に支払われていれば、名ばかり管理職とは言いにくいですので、この点を主張するべきでしょう。

5 セクハラの訴えに反論する

反論する際には第三者をはさんで話し合うのがよい

■ セクハラとは

　職場におけるセクハラ（セクシュアル・ハラスメント）とは、職場における性的な言動により、労働者の就業環境を害することをいいます。セクハラの判断はケース・バイ・ケースであり、個別の状況を考慮する必要があります。判断にあたっては、被害を受けた労働者が女性の場合には一般的な女性労働者の感じ方を基準に、男性の場合は一般的な男性労働者の感じ方を基準に考えることになります。

　セクハラの場合、男性が加害者、女性が被害者というケースが目立ちますが、女性による男性に対するセクハラも想定されます。事業主は女性社員だけでなく男性社員もセクハラによる被害を受けないような体制を構築しなければなりません。

　具体的には、事業主は社内ホームページ・社内報、就業規則などに職場におけるセクハラに対する方針及びセクハラの内容を明示して従業員に広く知らせる必要があります。

　また、セクハラについての相談窓口や相談マニュアルも用意しておかなければなりません。マニュアルは、窓口の担当者が、内容・状況に応じて柔軟に対応するためにあらかじめ作成しておくべきです。

　ただ、何をもってセクシュアル・ハラスメントというのかの判断は難しい場合もあり、会社側が、自分の立場を主張してもあまり意味がないこともあります。そのため、反論する際には相手の主張を聞いた上で、第三者をはさんで話し合うのがよいでしょう。

文例　セクハラの訴えに反論する回答書

回答書

平成○年○月○日、貴方は、会社に対して私が貴方にセクシュアル・ハラスメントを行っている旨を伝えました。貴方がどのような理由で会社に訴えたのかはわかりませんが、私は貴方にセクシュアル・ハラスメントを行ったことはありません。

そもそも私と貴方は部署が違うだけでなく、働くフロアーも異なっています。私が貴方と会うのは、会議のときだけであり、その際にも、プライベートな話は、ほとんどしたことはないと記憶しています。

もしよければ、一度、第三者をはさんでお話をしたいと思っています。その中で、私に非があったことが判明すれば、お詫びをしたいと思っています。

どうかご検討をお願い致します。

平成○年○月○日
　　東京都○○区○○1丁目2番3号
　　株式会社中野商事
　　　　代表取締役　中野太郎　印

東京都○○区○○5丁目6番7号
乙野花子　殿

ワンポイントアドバイス

①反論する際には、相手との関係も考えた記載にします。会社の同僚など今後も付き合っていく必要がある相手であれば、相手の立場も考え、追い詰めるような記載はなるべく避けます。

②なお、反論に際して、脅迫的な意味合いの表現を用いることは絶対に避けます。

⑥ パワハラの訴えに反論する

パワハラが原因で労災申請が認められることもある

■ パワハラとは

　職務上の地位や職権を利用して相手に対して嫌がらせをすることをパワーハラスメント（パワハラ）といいます。

　厚生労働省が平成24年1月にまとめた報告では、「同じ職場で働く者に対して、職務上の地位や人間関係などの職場内の優位性を背景に、業務の適正な範囲を超えて、精神的・身体的苦痛を与える又は職場環境を悪化させる行為」のことを、職場のパワーハラスメントと定義しています。

　具体的には、不合理な命令、過剰な指導、被害者の人格を無視した行為、雇用不安を与える行為などを指します。不合理な命令とは、たとえば、仕事の内容をその部下だけに伝えなかったり、わざと仕事を与えなかったり、他の人が参加する会議に参加させない、といった行為がパワハラ行為に該当します。

　また、実現することが不可能なノルマを課したり、その労働者の担当する業務とは無関係な仕事をさせたりするような場合は、過剰な指導にあたります。人格を無視した行為とは、その労働者を無視したり、誹謗中傷したりするといった行為の他、その労働者を孤立させるような行動も該当します。

　パワハラが原因で労災申請が認められることもありますので、労務管理上気をつけなければなりません。

文例　パワハラの主張に対する回答書

回答書

　貴殿は、平成○年○月○日に、内容証明郵便によって、貴殿と私が勤めている会社に、私が貴殿に対してパワーハラスメントを行っていた旨を伝えました。

　しかし、私は、一度だけ貴殿の仕事上でのミスを指摘したに過ぎず、ミスを指摘した際の口調も激しいものではありませんでした。また、貴殿は、私が貴殿に清掃を強制したと主張しておりますが、社内の清掃については、他の従業員らと話し合った結果、貴殿が清掃を担当することになったのであり、決して私が貴殿に清掃を強制したわけではありません。

　しかし、パワーハラスメントを行っていることについて、私自身が気付いていない可能性もあります。もし宜しければ、第三者を挟んでお話をしたいと思っています。その中で、私に非があったことが判明すれば、お詫びをしたいと思っています。

　どうか、ご検討をお願い致します。

　　平成○年○月○日
　　　　埼玉県○○市××町△丁目○番○号
　　　　　　　　　　　　　　杉本三郎　印

　東京都○○区○○1丁目2番3号
　田村一郎　殿

ワンポイントアドバイス

①文例はパワハラの被害者がパワハラの被害を会社に申し立てた場合に、パワハラを行ったとされる上司が被害者に回答する回答書です。

②セクハラの場合と同様、反論する際には相手の主張を聞いた上で、第三者をはさんで話し合うのがよいでしょう。

7 過激な要求をしてくる労働組合に対する警告書

証拠の確保など、事前の準備をしておくことが必要

■ 団交を一方的に拒否してはいけない

　労働者が労働条件について使用者と交渉したり、団体行動を行うために自主的に組織する団体が労働組合です。

　労働組合は、労働者が主体となって自主的に組織する団体でなければなりません。また、労働組合が労働組合法上の保護を受けるためには、組合の内部運営が民主的に行われていることが必要です。

　普通の団交を申し入れられたり、妥当な賃上げ要求がされた場合には団交を拒否したり、根拠もなく賃上げを一方的に拒否するといった行動をとることはできません。

　上手な交渉術としてはまず、団体交渉に応じる前に、社会保険労務士や弁護士などの専門家に相談し、会社側の行動が法的に問題ないことを確認します。従業員の解雇や賃金引下げが権利の濫用にあたるような場合には、専門家のアドバイスを聞き、改めて対応を考えるようにします。

■ 労働組合の要求への対処法

　労働組合の過大な要求に対しては、書面でまず反論することも有効です。

　ただし、過大な要求だからといって団体交渉を拒否するのは危険です。普段から会社側の主張を裏付けて、組合側の要求に反対するための各種の基礎的な資料を用意しておくなど、事前の準備をしておくことが必要でしょう。

文　例　過剰な要求をしてくる労働組合への警告書

```
　　　　　　　警告書
　貴組合は、賃金の6割の値上げといったことなどを、労使交渉の場において要求されています。
　しかし、賃金を6割も値上げするというのは不可能であると言わざるを得ません。当社の賃金は、現状の賃金であっても、同業他社と比べて高めに設定してあります。それにも関わらず、賃金の6割も値上げをしてしまうと、会社の経営が全く成り立たなくなってしまいます。
　当社の従業員を代表して交渉しておられる貴組合の立場も十分に理解できるものであります。しかし、当社としても、あまりに過大な要求に対して応じることはできないということをご理解願います。

　平成○年○月○日

　　　　千葉県○○市××町△△丁目○番×号
　　　　　　△△△株式会社
　　　　　　　代表取締役　甲野一郎　印

　千葉県××市○○町××丁目△番△号
　△△△株式会社　労働組合
　　代表　乙野二郎　殿
```

ワンポイントアドバイス

　労働者が団結して会社の経営者と交渉するというのは法律で認められた権利ですので、内容証明郵便の中で、労働組合と交渉に応じるつもりがないと表明するのは適当ではありません。今後も労働組合と交渉することを前提として、内容証明郵便を作成するべきでしょう。

8 不正行為のあった従業員を懲戒解雇する

一方的にはできないが従業員に懲戒事由があればできる

■ 解雇とは労働契約を解消すること

　解雇とは、会社が従業員との労働契約を解消することです。従業員からみれば、その地位を失う原因の一つといえます。他方で、使用者である会社は、正当な理由がない限りは、一方的に労働契約を解消する、つまり従業員を解雇することはできないことになっています。

　正当な事由があって解雇する場合にも30日前に予告するか、30日分以上の平均賃金を支払わなければならないとされています。これを解雇予告手当といいます（なお、予告の期間が30日に足りない場合には、その不足分を解雇予告手当で補うことができます）。

　会社が従業員を解雇する場合でも、懲戒事由がある場合のように、従業員の方に責に帰すべき事由がある場合には、予告手当を支払うことなく即時解雇することも可能です。しかし、その事由については労働基準監督署の認定を受けなければならないことになっています。

　懲戒解雇は、懲戒処分の中でも最も重い処分であり、解雇予告手当はおろか、退職金の全部または一部が支給されないことにもなります。

　また、懲戒解雇は、企業秩序違反に対する制裁としての解雇であることが明らかにされ、再就職の重大な障害となるという不利益を伴いますので、極めて重大な非行行為のあった場合に限って許されます。

　解雇通知や解雇予告にわざわざ内容証明郵便を利用することは少ないのですが、従業員が無断欠勤を続けていたり、解雇を争うような場合には内容証明郵便を利用した方がよいでしょう。

文　例　不正行為のあった従業員を懲戒解雇する旨の通知書

懲戒解雇通知書

　貴殿は、平成○年○月○日より同年○月○日現在まで、当社からの問い合わせに対して何ら返答をすることもなく、2週間以上も無断欠勤をしております。これは、当社の就業規則第30条に規定する懲戒解雇事由に該当します。
　つきましては、当社就業規則第31条に基づき、本日付をもって貴殿を懲戒解雇しましたので、その旨を通知致します。

　平成○年○月○日

　　　東京都○○区○○1丁目2番3号
　　　株式会社　中野商事
　　　　　代表取締役　中野太郎　㊞

　東京都○○区○○5丁目6番7号
　只野一郎　殿

ワンポイントアドバイス

①懲戒解雇を正当化するには、就業規則に懲戒規定を明文化しておく必要があります。

②懲戒解雇事由には、a 重大な刑事事件を起こした、b 故意に会社に多大な損害を負わせた、c 会社の名誉や信用を著しく傷つけた、d 正当な理由なく2週間以上無断欠勤した、e 重大な経歴詐称をした等があります。

⑨ 社内の機密を持ち出した社員に対する警告書

社員に窃盗罪が成立する可能性もある

■ 社内の機密を管理する

　多くの企業では、就業規則や雇用契約で、機密の守秘義務に関する規定を置いて、処分を定めていると思われます。処分の程度が過ぎると無効とされることはありますが、このような規定があれば、相当な処分することができると考えられます。

　また、現在実害は発生していないということですが、民事上、営業秘密は不正競争防止法によって保護されています。犯罪にあたるかという点は、漏えいした機密が、管理されていたかどうかにかかってきます。社内で管理されていた書面等の場合は窃盗罪が成立するという裁判例もあります。

■ 機密を保持するための体制を整える

　会社としてしっかり管理されていた機密文書等を従業員が持ち出したのであれば、窃盗罪となる可能性があります。

　このような事件には、防止策が不可欠です。電子メールについても、無対策のまま監視することは、プライバシー保護の立場から問題ですが、あらかじめ社内パソコンからの電子メールは業務に限ることとし、事前に監視することの同意を得ておけば可能だと考えられます。このような対策を含めた情報管理体制をしっかり確立しておくことが急務だといえるでしょう。

文例 社内の機密を持ち出した社員に対する警告書

警告書

貴殿は、当社の〇〇部における労務に従事されておられますが、当社の調査の結果、平成24年5月頃、貴殿が、職務の過程で得た当社の情報を社外に持ち出していたことが判明致しました。

これは、重大な就業規則・雇用契約違反行為であり、当社としては貴殿に対して何らかの処分をすることも検討致しました。しかし、幸いにも、機密の持ち出しにより当社に具体的な損害が生じてはいないので、当社としては貴殿に対して処分を行わないことと決定致しました。

しかし、今後もこのようなことがあった場合には、貴殿に対して損害賠償請求を行い、さらに懲戒解雇といった処分や刑事告発を行う可能性があることを警告致します。

平成〇年〇月〇日

　　北海道〇〇市××町△△丁目〇番×号
　　　　△△△株式会社
　　　　　　代表取締役　甲野一郎　㊞

　　北海道××市〇〇町××丁目△番△号
　　乙野二郎　殿

ワンポイントアドバイス

①本事例では、損害が生じていないケースを想定していますが、損害が生じたとしてもこのような警告書を送付するケースはあるでしょう。

②次に「機密の持ち出しを行ったら許さない」という態度を示すために、懲戒解雇や刑事告発の可能性を示唆しています。

10 退社した社員に貸与品の返還を請求する

> 早めに請求するのがよい

■ 労働者の退職と貸与品の返還

　労働契約は、かなりの長期間におよぶことがまれではありません。そのため、契約期間中に、労働者の権利に属する金銭（請求権）や物品が、職場内をはじめとする使用者の支配権（管理権）の範囲内に維持されたままの状態になっていることがよくあります。労働者が死亡あるいは退職した場合に、これらの金品が長期間にわたって残されていると、散逸してしまったりして、後日の紛争となる危険性があります。

　従業員に対して、会社が必要なものを貸与することはよく見られ、制服や、文例のようなパソコン、電話など、その対象もさまざまです。本来であれば、就業規則その他で、これらの返還方法についても規定を設けておくべきでしょう。

　業務に使用するために従業員に貸与していたのですから、返還すべき時期は退社時と考えられます。さらに、退社から時間がたつと、悪気がなくても気分的に返しづらくなるものですから、早めに文例のような請求をするべきです。

文　例　貸与品の返還請求の通知書

```
　　　　　会社貸与品の返却の請求

当社は、あなたが当社に在籍中、当社業務
遂行のために、ノート型パソコン（富士道製
FM5000）及び携帯電話（型番SH30
02）を貸与しておりましたが、あなたは本
年3月31日の退社後、本日現在まで上記貸
与品の返還をされておりません。
　つきましては、来る本年5月6日までに当
社に持参して返却されますよう、請求致しま
す。
　　　平成〇年4月20日

　　　東京都〇〇区〇〇1丁目2番3号
　　　松竹商事株式会社
　　　　　代表取締役　甲野一郎　印

〇〇県〇〇市〇〇町23番地
乙川二郎　様
```

ワンポイントアドバイス

①書き方のポイントとしては、貸与してある物を特定（文例はノート型パソコンと携帯電話で、メーカー名や製品の型番を記載）し、期限を明記して請求することです。

②制服等の返還請求で、あらかじめ定めがない場合には、クリーニングの要否の記載も必要です。

11 労働者派遣契約を解除する

派遣先企業が派遣契約の内容を守らない場合には解除を検討する

■ 派遣社員に派遣先の就業条件をよく理解してもらう

　労働者派遣を行う場合、派遣先企業と派遣元企業との間で労働者派遣契約が結ばれます。この契約で、派遣社員の職場での就業条件についても定められますが、派遣先企業は、この取り決めに反しないように対応することが求められています。

　もし、契約に違反していることがわかった場合、派遣先責任者に対しては、契約を守らせるために必要な対応をとらせます。その上で、派遣元企業とも協議を行い、場合によっては損害を賠償するなどの対策をとる必要があります。派遣先企業が労働者派遣契約の内容を守らず、改善の余地もないような場合には、派遣元企業は文例のように労働者派遣契約を解除することになります。

■ 労働条件確保のために派遣元が講ずべき措置

派遣元会社
① 労働者派遣契約の締結にあたっての就業条件の確認
② 労働者派遣契約に定める就業条件の確保
③ 労働者派遣契約の定めに違反する事実を知った場合の是正措置
④ 適切な苦情の処理
⑤ 労働保険、社会保険の適用促進
⑥ 派遣元事業主との労働時間等にかかわる連絡体制の確立　など

文例　労働者派遣契約の解除通知書

契約解除通知書

1　当社は、平成○年3月10日、貴社と労働者派遣契約を締結しました。その後、現在に至るまで上記契約に基づき、貴社に労働者を派遣してきました。

2　しかるに、過日判明した事実によれば、貴社は当社からの派遣労働者に関し、労働者派遣契約法41条4号の規定に反して、派遣労働者の安全及び衛生に関する統括責任者を置いておらず、実際にも、就労場所の衛生状態も悪いとのことです。

3　かかる法令違反は、派遣元である当社と派遣労働者との契約にも反し、当社が損害賠償を請求されることもあり得ます。

4　よって、平成○年7月1日をもって、貴社との労働者派遣契約を解除致します。なお、本件では、当社は何等損害賠償等の責任を負わない旨通知します。

　　　平成○年7月1日
　　　　東京都○○区○○1丁目1番の2号
　　　　株式会社　シャインズ
　　　　　　代表取締役　松田次郎　印
　東京都○○区○○2丁目12番の5
　株式会社　シナローグ
　代表取締役　品川一郎　殿

ワンポイントアドバイス

①契約を解除する文面には、自社が派遣社員から責任を追及される可能性があることを述べ、相手方に債務不履行がある旨を明らかにしておきます。

②相手方に損害が発生しても、自社は何ら責任を負わないことを必ず記載して下さい。

Column

問題社員の解雇のしかた

　経営者側にとって頭の痛い問題として、「管理者の指示に従わない」「遅刻や早退を繰り返す」「他の労働者に比べて明らかに仕事の効率が悪い」という労働者の扱いがあります。

　会社としては、「使えない社員」については直ちに解雇（いわゆるクビ）したいところですが、解雇すると、労働者の反発、他の社員の士気の低下、助成金の支給の停止など、会社に不都合な問題が生じることがあります。

　このような不都合をできるだけ回避するためには、解雇事由にあたる社員であっても、原則として退職勧奨を重ねることで、自主的に会社を辞めてもらうようにもっていくべきでしょう。退職勧奨とは、使用者である会社側が労働者である社員に対して、会社を辞めてもらうように頼むことです。

　ただし、退職勧奨の場合、辞めるように頼まれた社員はそれに応じて辞めることもできますが、断ることもできます。そのため、退職勧奨を拒否された場合には会社としては解雇で対応することになります。

　労働者の能力不足を理由とする場合、社内の就業規則などの定めに従い、通常は普通解雇（労働者に非違行為があるわけではないが、就業規則に定めのある解雇事由に相当する事由があるために行われる解雇）の手続きをとることになります。

　もっとも、中には懲戒解雇したくなるような悪質な行動を起こす社員がいないわけではありません。そのような社員に対しては、懲戒解雇（労働者に非違行為があるために懲戒処分として行われる解雇）の手続きをとることになります。

第3章

ビジネス契約一般

① 商品の売買代金を請求する

売買は有償契約の代表格である

■ 売買は最も頻繁に行われる契約である

　売買とは、売主が財産権を移転する義務を負い、買主がその代金を支払う義務を負う契約です。

　売買契約の効力として、売主は目的物の財産権を買主に移転すべき義務を負い、買主は代金支払義務を負います（555条）。売主は、目的財産の引渡しだけでなく、不動産であれば移転登記、債権であれば譲渡通知というように第三者に対する対抗要件（自らに権利があることを主張するための要件）を備えるところまで買主に協力する義務があります。

　ふだんの生活の中での買い物をはじめとして、私たちは常に「金銭」の支払いによって物品を購入しています。洋服や食品、雑貨や文房具など、日常生活における買い物が通常ですが、この他にも不動産や車両の購入など、金額の大きな買い物もあります。

　通常、購入金額が大きな売買の場合、「売買契約書」という契約書を交わす必要があります。この売買契約においては、売買価格の決定はもちろんのこと、支払方法や支払時期などの決定も、契約を取り交わすために重要な条件となります。支払方法については「一括払い」「分割払い」などがあり、一括払いでも、商品が引き渡される前の「前払い」、商品が引き渡された後の「後払い」などがあります。分割払いの場合も、頭金の有無、分割払いの金利、毎月の支払額などが、契約を結ぶ上で決めなければなりません。

文例　商品の売買代金の請求書

請求書

　当社は平成○年5月20日、貴社より発注を受け（発注書番号2035）、カラーコピー機1台（△△社製cs-501ap）を同年6月1日に納品致しました。契約では、同年8月20日に商品代金をお支払い頂くことになっておりましたが、期日を過ぎ、現在に至るまでお支払い頂いておりません。
　つきましては、本請求書到達後10日以内に、契約時に指定しました当社銀行口座に商品代金をお振り込みの上、お支払い頂きますようお願い致します。

平成○年9月20日

　　　○○県○○市○○町5-8
　　　山田事務機株式会社
　　　　　代表取締役　山田一郎　印

　　　○○県○○市○○区○○2-3
　　　株式会社　鈴木商事
　　　代表取締役　鈴木三郎　殿

ワンポイントアドバイス

①代金請求の場合は、請求の根拠を明確にすることが必要です。契約日、受注日、取扱い商品、支払予定日など、取引を特定できる情報を具体的に記載しましょう。

②相手が口頭の催促に応じないなどの事情がある場合でも、最初はやわらかい文章表現を心がけます。

② 顧客に対する代金支払請求

> インターネット上の売買契約の特徴を押さえる

■ 法律的には普通の売買契約と変わりはない

　通信販売やインターネットで売買契約を締結した場合であっても、それは普通の売買契約と変わりはありません。売買契約の売主は買主に対して目的物を引き渡す義務を負い、買主は売主に対して商品の代金を支払う義務を負います。

　もし、買主が代金を支払わなければ、売主は買主に対して損害賠償請求ができますし、契約を解除も可能です。

　しかし、通信販売やインターネット上で取引をした場合、通常の売買と異なり、相手の顔が見えない状態で売買契約を締結することになります。そのため、売主と買主との間で誤解が生じやすく、通常の売買契約と比べて契約を締結した後にトラブルになる可能性が高くなります。

■ トラブルを未然に防ぐことが重要である

　インターネット上で売買契約を締結する場合、トラブルを未然に防止する措置をとることが最も重要になります。

　たとえば、相手の身分をしっかりと確認しておけば、何らかの問題が生じたとしても適切に対応することができます。逆に、相手の住所すらわからない状態だと、交渉のために相手の住所から調べなければならず、手間がかかってしまいます。

　本事例では、売主は買主の住所を把握していることを前提に、内容証明郵便を送付しています。

文例　顧客に対する代金支払請求書

請求書

貴殿と当社は、平成24年3月○日に、下記の通り売買契約を締結し、商品の引渡しは完了致しました。しかしながら、平成24年5月○日現在、貴殿から代金の支払いがなされておりません。

従って、商品の代金125000円を請求致します。

記

売主　×××株式会社
買主　乙野二郎
売買契約締結期日　平成24年3月○日

目的物	大型テレビ　1台
代金額	125000円
目的物引渡期日	平成24年4月○日
代金支払期日	平成24年4月○日

平成24年5月○日

東京都○○区××町△△丁目○番×号
×××株式会社
代表取締役　甲野一郎　印

大阪府××市○○町××丁目△番△号
乙野二郎　殿

ワンポイントアドバイス

①商品を既に引渡していることを記載することで、買主は同時履行の抗弁を主張できないことを間接的に示しています。

②代金支払期日や目的物引渡期日を定めている場合には、その旨を内容証明郵便に記載します。

③ 商品の売掛代金の請求をする

相手が不当に支払いをしないような場合、内容証明郵便を利用する

■一定期間後に支払いが行われる取引

　商品の料金を後払いや後受けとりとすることを、掛による売買といいます。商品を売って、すぐに支払いを受けない時の金銭債権が売掛金になります。商売を行うにあたって、売掛金取引はよく利用されています。債権を回収する上では現金取引をするのが一番安全なのですが、企業間の取引では何度も繰り返して同種の売買をするケースが多いため、取引先を信頼して、売掛金取引にするのです。

　しかし、取引先が代金を支払うまでには1か月から3か月以上の長いスパンがあることも多いようです。その間、掛け取引を行っていた取引先の会社の財務状況が悪化して、売掛金が戻ってこないこともありえます。そのため、売掛金取引を行う場合、①取引条件を明確にする、②相殺や代物弁済などの予防策を準備しておく、③相手方の信用調査を怠らないようにする、といった対策が必要です。

　また、特定の企業間で同種の売買が繰り返して行う場合、基本契約書で、履行遅滞などの一定の事由が生じた場合には当然に弁済期が到来するという内容の期限の利益喪失約款が置いておくのが通常です。

　企業間では、売掛金の請求は、通常、請求書を送付します。内容証明郵便によらなければ請求の効果が生じないわけではありませんが、相手方が支払いをしない場合には、証拠を残し、かつ、強い請求の意思を示すためにも、内容証明郵便を利用するのがよいでしょう。

文 例 商品の売掛代金の請求書

請求書

拝啓　時下益々ご清栄のこととお慶び申し上げます。

　さて、平成23年7月7日から平成23年8月7日までの間に、弊社が貴社に対して販売致しました商品「婦人服」50着の代金計50万円は、本来の支払期日である平成23年10月10日（四半期決算の翌月10日払い）を平成23年12月11日まで支払を猶予しておりましたが、平成24年1月11日の現在に至るまで貴社からお支払を頂いておりません。

　つきましては、本書面到達後7日以内に右代金お支払い頂くよう、ご請求申し上げます。

　なお、右期間内にお支払いなき場合には、誠に遺憾ながら法的手続をとらざるを得ないと考えておりますので、予めご了承下さい。

敬具

平成○年○月○日

東京都○○区○○町1丁目1番1号
○○衣料株式会社
代表者代表取締役　甲野太郎　印

東京都○○区○○町2丁目2番2号
株式会社○○洋服店
代表取締役　乙川二郎　殿

ワンポイントアドバイス

①請求の根拠を明確にします。契約日、受注日、取扱商品、支払予定日など、取引を特定できる情報を具体的に記載しましょう。
②相手が口頭での催促に応じない場合でも最初はやわらかい文章表現を心がけます。

4 他人の所有物と知らずに買った商品の代金支払請求を拒否する

> 支払拒絶と今後の対処を求める意思をより強く示す

■ 売主というだけで負わなければならない責任がある

　売買などの双務契約では、両当事者の負担する債務が同等の価値をもつものとされています。つまり、売主の財産権移転義務と買主の代金支払義務は、価額にバランスがとれていなければなりません。そうだとすると、目的物にキズや不具合があり、そのバランスが崩れてしまったとき、売主は損害賠償や代金減額などによって、それを埋め合わせなければなりません。また、それでは買主の契約の目的が達成できないというのであれば、買主による契約の解除を認める必要もあるでしょう。このような売買契約の効力を売主の担保責任といいます。売主は故意・過失がなくても担保責任を負います。

■ 担保責任にはどんな種類があるのか

　売主の担保責任には、売買の目的物が他人のものであった場合、売買の目的物であった土地に地上権（工作物や竹木を所有するために他人の土地を利用する権利）や抵当権（債務者の債権回収を確実にするために担保として債務者の不動産に設定されるもの）が設定されている場合、などがあります。具体的には、①他人物売買（561条）、②一部他人物売買（563条）、③数量不足・物の一部滅失（565条）、④地上権などの制限（566条）、⑤抵当権などの制限（567条）、⑥隠れた瑕疵（570条）があります。損害賠償、代金減額、解除などの効果が認められるためには、買主が売買にあたって、売買の目的物に欠陥があったことを知っていたかどうかが基準となります。

文例　商品の代金支払請求を拒否する通知書

通知書

　去る平成〇年5月20日、弊社は御社とカラーコピー機一台（△△社製cs-501ap）の売買契約を締結し、同年6月1日に納品を受けました。契約では同年8月20日に商品代金を支払うことになっていましたが、〇年7月30日、株式会社〇〇商事なる会社より、当該カラーコピー機の所有権を主張し、返還を要求する通知を受け取りました。弊社としましては、御社より事の真偽についてご説明頂くことを求めると共に、民法576条の規定に基づいて商品代金の支払いを拒否することを通知致しますので、早急に善処下さいますようお願い致します。

　平成〇年8月5日

　　　〇〇県〇〇市〇〇区〇〇2-3
　　　株式会社鈴木商事
　　　　　代表取締役　鈴木三郎　印

　〇〇県〇〇市〇〇5-8
　山本事務機株式会社
　代表取締役　山本武　殿

ワンポイントアドバイス

①契約に反して商品代金の支払いを拒否することの正当性が明確になるように、時系列に沿って事実関係を記載しましょう。

②売買契約の目的物について第三者が権利を主張し、買主の権利が失われる可能性があるときは、代金支払拒絶権が生じます（民法576条）。

⑤ 理由をつけて代金支払を拒否する相手に代金供託を請求する

供託とは、金銭や物品などを供託所に預けること

■ 供託とは

　債権者が保全命令を申し立てるには、担保を提供する必要があります。この担保は供託所に供託することになります。保全手続に際しては、供託の役割が欠かせません。

　供託とは、金銭や物品などを供託所に預けることをいいます。つまり、供託所という国家機関に預けた財産の管理をまかせ、預けた財産を受領する権限のある人が受けとることにより、目的を達成させる制度のことをいいます。

　供託の一般的な流れは、まず、供託者（債権者）が供託物を供託所に預けます。供託所は預かった供託物を保管します。その後、一定の条件（違法な保全執行であった場合など）があれば被供託者（債務者）が供託所から供託物を還付します。ただ、供託所から供託物を取り戻せるのは被供託者だけではありません。供託者も一定の条件（保全命令が適正であった場合など）を満たせば供託物を取り戻すことができます。

　買主がその買い受けた権利の全部を失うおそれがあることを理由に、買主が民法576条に基づいて代金支払拒絶権を行使してきた場合、売主はその代金の供託を求めることができます（民法578条）。

　次ページの文例は、商品の売主が、買主に対して代金の供託を求める場合の記載例です。

文例　代金支払を拒否する相手への代金供託請求書

代金供託請求書

平成〇年8月6日、御社よりカラーコピー機1台（△△社製cs-501ap）の支払い拒否の通知書を受け取りました。

当該商品の所有権を主張しているとされる株式会社〇〇商事なる会社とは、3年前まで取引がありましたが、現在は取引をしておらず、当該商品についても何ら権利を有するものではありません。従いまして、当社としては契約どおり当該商品の代金四百万円お支払い頂きたいと存じますが、すぐには当社に対する信用を回復して頂けないということであれば、民法578条に基づく代金供託請求権を行使し、当該商品代金の供託を請求致しますのでご対応下さいますようお願い致します。

平成〇年8月10日

〇〇県〇〇市〇〇5-8
山田事務機株式会社
　　代表取締役　山田一郎　印

〇〇県〇〇市〇〇町2-3
株式会社　鈴木商事
　代表取締役　鈴木三郎　殿

ワンポイントアドバイス

①売主はただ単に供託を求めることもできます。
②ただ、買主が代金支払を拒否している理由について対応を求めている場合はできるだけ買主の要求に応えられるような説明をつけたほうがよいでしょう。

⑥ 未受領商品の代金請求に対して「商品との引換時に」と回答する

相手方の一方的な請求は拒否することができる

■ 同時履行の抗弁権とは何か

　双方が債務を負う商品売買のような契約（買主は商品代金を支払うという債務、売主は商品を相手に引き渡すという債務を負う）では、双務契約の当事者の一方が、相手方が債務の履行を提供するまで、自己の債務の履行を拒むことができる権利が認められています。このような権利を同時履行の抗弁権といいます（533条）。

　たとえば、売買契約の履行期に、買主が代金を提供しないで「○○を引き渡せ」と主張してきたとき、売主は「代金を支払わなければ、○○は引き渡さない」と主張（抗弁）して、相手方の一方的な権利行使を阻止することができます。裁判で同時履行の抗弁権が主張されたとき、裁判所は、給付と引換えの履行を命じる判決（給付引換判決）をだします。

■ 同時履行の抗弁権

「○○を引き渡せ」

売主　←　買主

「代金を支払わなければ、○○は引き渡さない」
（同時履行の抗弁権）

文例　未受領商品の代金請求に対しての回答書

回答書

　平成○年10月3日に貴社と当社の間で売買契約を交わしたパソコン（A社製WS-2905PX）10台の商品代金についての請求書を、本日受領致しました。
　しかし、当該契約書には商品代金を先払いする旨の条項はありません。当社としましては商品代金の支払いは商品の納入と引換にさせて頂きたいと存じますので、ご了承下さい。
　なお、準備の関係等ございますので、商品納入予定日を事前にお知らせ下さいますようお願い申し上げます。

　平成○年10月10日

　　　○○県○○市○○20-18
　　　　星光商事株式会社
　　　　　　代表取締役　星敏光　印

　○○県○○市○○5-8-6
　松本サプライ株式会社
　　代表取締役　松本一郎　殿

ワンポイントアドバイス

①契約で先払い・後払いなど特別の取決めをしている場合は契約内容に従わなければなりませんので注意して下さい。
②いつ、何を目的とした契約について同時履行の抗弁権を行使するのかが明確になるように記載します。

7 納品請求をする

債務を履行しない場合、契約解除などの法的手段を検討する

■ こちらの窮状を知らせる

相手方からの納品が行われず、相手がどんな理由で納品を遅らせているか事情がよくわからない場合、まずはこちらの窮状を知らせて早い対応を求めるとよいでしょう。

商品の納品や債務の支払いなどを相手方に約束させる場合には、後日、言った言わないといったトラブルを避けるため、債権者として要求し、念書を書いてもらいましょう。念書とは、後日、証拠として用いるために、念のため作成される文書のことです（参考文例を参照）。

〈参考〉商品を納品することを約束する念書 ………………………………

念　書

平成○年○月○日

株式会社○○商会
代表取締役　　○○○○様

株式会社○○産業
代表取締役　　○○○○

弊社、株式会社○○産業は、次の事項を約束します。

一、貴社より発注頂いておりました平成○年○○月○○日付の物品売買契約書にもとづくご注文の品は、先月○月○日が納期でしたが、弊社の在庫数の不足から今月○月○日まで延期しなければならないことになりました。つきましては、万一再び納品が遅れた場合には、契約書第○条に基づく損害賠償の請求を受けても何ら異議を申しません。

後日のため、念書を差し入れます。

文 例 納品請求書

```
                請求書

　当社は、去る平成○年7月12日、貴社と
デジタルカメラ（C社製PIX1000IR
）20台の売買契約を締結致しました。当該
契約では、7月30日に一括納品を受ける予
定でしたが、仕入れの都合とのことでその後
本日に至るまで納品がなされておりません。
　当該商品は、当社が8月20日から開催す
る講習会の出席者に教材として配布する予定
のものであり、このままでは講習会の進行に
支障をきたすおそれがあります。当社の事情
をお酌み頂き、8月17日までには商品を納
入下さいますよう、宜しくお願い致します。

平成○年8月10日

　　　　○○県○○市○○町2-7-1101
　　　　　株式会社山田企画
　　　　　　代表取締役　山田正一　印

○○県○○市○○町8-11-2
株式会社北村電器
代表取締役　北村恭平　殿
```

第3章　ビジネス契約一般

ワンポイントアドバイス

①納品に応じる気配がない場合は、債務を履行しないことを理由とした契約解除、損害賠償請求など法的措置もあり得るとの内容で文書を作成します。
②ただし、この場合は相手との良好な関係を維持するのは難しくなりますので注意しましょう。

⑧ 請負人が目的物を引き渡した後に請負代金を請求する

契約した支払条件の内容に沿って報酬の支払を請求する

■ 請負契約とはどんな契約か

　請負契約は、請負人が仕事を完成させることを約束し、注文者がその仕事の結果に対して報酬を支払うことを約束する契約です。

　報酬は後払い、つまり仕事が完成し、目的物の引渡しと同時に支払うというのが民法の原則ですが、建物の建築請負契約などでは、報酬は契約時・上棟時・建物引渡時などの数回に分けて支払うことを特約している場合が通常です。また、規模の大きい土木工事などでは、工事の進行によって、出来高払いの特約がなされている場合が多いようです。いずれにせよ、注文者が定められた期限に報酬を支払ってもらえないときは、請負人は仕事の目的物の引渡しを拒み、またこれを留置することができます。

■ 請負契約の解除と代金返還請求

　注文者の報酬不払いなどの債務不履行を理由に、請負契約を解除することも可能ですが、実際には、仕事を始める前ならばともかく、仕事の途中や完成後では、請負人の方から解除するのはあまり実益がないように思われます。もっとも仕事が可分である場合には仕事の未完成部分だけを解除することも可能です。

　仕事が完成しない間に注文者の責に帰すべき事由によりその完成が不能となった場合には、請負人は自己の残債務を免れますが、注文者に請負代金の全額を請求できます。ただ、自己の債務を免れたことによる利益を注文者に償還する義務があります。

文例　請負代金の支払請求書

工事請負代金支払請求書

平成〇年5月1日、当社は貴社からの注文により東京都〇〇区〇〇2丁目3番4号の貴社社宅改修工事を受注し、同年同月30日右工事完成及び貴社への引渡を完了しました。
　右請負契約においては、引渡時にこの代金全額金250万円をお支払い戴くこととなっておりましたが、再三の請求に関わらず本日現在いまだお支払い頂いておりません。
　つきましては、本書到着後2週間以内にお支払い下さいますよう催告致します。万が一右期日までにお支払い頂けない場合は、遺憾ながら法的手段を講じますことをあわせて申し伝えます。

　平成〇年7月25日
　　　東京都〇〇区〇〇1丁目2番3号
　　　請求者　　鶴亀建設株式会社
　　　　　　　　代表取締役　鶴亀一郎　印

東京都〇〇区〇〇2丁目3番4号
被請求者　　株式会社松竹商事
代表取締役　松野竹男　殿

ワンポイントアドバイス

①文例は、工事完了で目的物が引き渡されたにも関わらず、代金を払わない注文者に建築業者が請求をするものです。
②契約書があれば、支払方法に関する条項も記載すると、相手方に伝わりやすくなるでしょう。

第3章　ビジネス契約一般

117

⑨ 企業間の継続的取引関係を解消する

> 相手方が納得できるような事情を記載するとよい

■ 反復・継続する業務プロセスを規定する

　ビジネスでは、業務プロセスが反復したり継続したりする場合が多くあります。たとえば原材料を仕入れる場合や、継続的に業務を委託する場合などです。

　取引基本契約書は、反復または継続する取引のルールを規定する契約書です。取引基本契約書には、注文書と注文請書をやりとりする方法など、取引の反復や継続によって繰り返される業務プロセスを規定します。具体的な品物の種類、数量、単価、納期などに関する主要条件は、注文書及び注文請書、または個別の契約書などにより、そのつど規定されることになります。

　取引基本契約書と注文書及び注文請書（または個別の契約書）に異なる規定がおかれている場合、どちらが優先されるのか、といった優劣も、取引基本契約書によって定めておくことができます。トラブル防止のため、盛り込むことを忘れてはならない重要な項目です。

■ 取引基本契約の解消

　一方的にこれまで継続してきた取引を終了させる場合は、相手が納得するような正当な事情が必要です。とくに、相手にとって主たる取引先になっている場合には、相手企業の経営そのものを左右する可能性があり、場合によっては損害賠償を請求される可能性もあるので、注意しなければなりません。

文例　継続的取引関係の解消通知書

　　　　　　　　　　通知書

　私どもの会社では、昨今の不況を乗り切るべく社内機構の見直しを行い、平成〇年9月30日をもって子供服製造業から撤退することを決定致しました。
　つきましては、子供服販売でお取引頂いておりました御社とは残念ながら同日をもちましてお取引ができなくなります。長らくの御愛顧に心より感謝致します。
　後日改めてごあいさつに伺いますが、まずは書面にてご通知申し上げます。

　　平成〇年8月1日

　　　　東京都〇〇区〇〇5-1-1101
　　　　株式会社星光商事
　　　　　　代表取締役　星敏光　印

　　　〇〇県〇〇市〇〇町7-1
　　　株式会社清水販売
　　　代表取締役　清水一郎　殿

ワンポイントアドバイス

①取引終了を通告する場合には、やむを得ない事情でどうしようもないということを明確にします。
②代替取引先を紹介するなどして円滑に関係を終了できるような内容を心がける必要があります。

10 契約解除による損害の賠償を請求する

解除や損害賠償請求を求める

他人物売買だったときの対応

　本例は、「他人物売買」の善意の売主による契約解除を認めた上で、買主からの売主に対する損害賠償を請求する場合の文例です。

　まず、売買契約の解除については、認めることを記載し、解除を承諾する代わりに、売主に対して、損害賠償を請求する旨を明記します。

　ケースは異なりますが、「他人物売買」において、買主から売主に対して、売主が目的物の所有権を移転できない場合には、損害賠償と共に契約解除も求めることができます（参考文例を参照）。

〈参考〉売買契約解除と損害賠償請求を同時にする通知書 ……………

解除通知及び損害賠償請求書

　弊社は、貴社と平成〇年7月20日にタービンポンプ（A社製　型番〇〇）を200万円で買い受ける契約を締結しました。しかるに、この度、同製品は貴社所有物ではなく、株式会社△△様所有の物件である旨判明し、株式会社△△様は同製品を売却する意思がないため、貴社が同製品を入手して弊社にその所有権を移転することは不可能と解されます。よって、弊社は、民法561条に基づき、以下の対応を取らせて頂きます。
1．平成〇年7月20日付売買契約の解除
2．目的物を取得できなかったことによる損害金250万円の賠償請求
（詳細）貴社からタービンポンプ（A社製　型番〇〇）を取得できなかったことに起因するA市より受託した道路工事の遅延賠償金
平成〇年8月1日

　　　　　　　　　　　　　　　　東京都〇〇区〇〇1番スカイビル201
　　　　　　　　　　　　　　　　株式会社　第一軽工業
　　　　　　　　　　　　　　　　　　代表取締役　軽部一郎　印

東京都〇〇区〇〇2番225号の201
株式会社　上田機械
　代表取締役　　根家作三　殿

文例　契約解除による損害賠償請求書

損害賠償請求書

　貴社からの平成○年7月20日付売買契約解除に関しては、法律上認めざるを得ません。しかし、弊社は以下に記載する損害の賠償を請求致します（根拠条文、民法561条）。

記

　損害の発生　タービンポンプ（A社製　型番○○）使用不能による当社受注工事の遅延損害金300万円を発注者に支払ったので、右金額を損害賠償として請求致します。

　貴社の売買契約解除との因果関係　工事遅延の原因は、タービンポンプ（A社製　型番○○）を使用できなかったためであり、それは貴社が他人物の所有権を移転できなかったことによること

　　平成○年8月10日
　　　東京都○○区○○2番スカイビル201
　　　株式会社第一軽工業
　　　　　　代表取締役　軽部一郎　印
　　東京都○○区○○2番225号の201
　　株式会社上田機械
　　代表取締役　根家作三　殿

ワンポイントアドバイス

①買主に生じた損害の具体的な金額を、事実を摘示して記載します。損害賠償の根拠条文としては、民法561条を指摘すべきでしょう。
②そして、①に記載した損害が売主の民法562条に基づく解除によって生じたこと、つまり、因果関係の存在を記載します。

11 追認の有無確認の催告をする

他人の行為の効果を本人にもたらす制度である

代理とは何か

　本人の代わりに他人（代理人）に事務を処理させ、本人が代理人の行った法律行為の結果（効果）を受けるという制度を代理といいます。

　代理は、取引行為など本人の活動範囲を広げるための制度です。本人と一定の関係にある代理人が、本人のために意思表示をして、その法律効果が直接本人に帰属します（民法99条）。通常なら、行為をする者（行為当事者）とその行為から生じる効果を受ける者（効果帰属者）は、同一人ですが、そこが分かれている点が代理の特徴なのです。本人の意思に基づかないで代理人となる場合を法定代理人といい、本人の信任に基づいて代理人となる場合を任意代理人といいます。

無権代理とは何か

　代理権がないのに代理人として行為することを無権代理といいます。正当に代理権が与えられていない無権代理人が行った契約は、原則として、本人に効果は生じません。

　この場合、本人が後から無権代理人の行為を承認（追認）すれば、本人に効果が帰属します（民法113条）。そこで、民法は不安定な立場に置かれている契約の相手方に、本人に対して期限を定めて拒絶か追認かを確答させることを認めています。期限までに回答がなかった場合は拒絶とみなされます。文例はこの確答を求める内容です。本人の承諾が得られない場合には、無権代理人が履行か損害賠償の責任を負うことになります（民法117条）。

文例　追認の有無を確認する催告書

　　　　　追認の有無の確認の催告書

　平成○年1月1日、貴殿の代理人と称する丙野太郎より、貴殿の所有する東京都○○区○○町の土地一筆を買い受けることを目的とした売買契約を締結しましたが、先般丙野太郎は貴殿の代理人ではなく、無権代理人であったことが判明致しました。
　無権代理による契約は無効とされますが、売買の条件等に照らした貴殿の利益を考慮して、原状回復に先んじて、貴殿に右売買契約の追認の意思の有無を確認致したく存じます。
　つきましては、書面をもって、追認するや否やにつき、本書面到達後、2週間以内にご回答下さいますよう催告致します。

　　平成○年1月15日
　　　　　催告者　○○県○○市○○町2番地2
　　　　　　　　　　　　　乙川二郎　　印

　　被催告者　○○県○○市○○町1番地1
　　甲山一郎　殿

ワンポイントアドバイス

①作成上のポイントは、追認か拒絶かの確答を求める対象（無権代理による契約の内容）を明確にすることです。
②また、確答の期限を定めることで、文例のように文書での回答を求める方が望ましいでしょう。

12 商取引における基本契約の更新を拒絶する

契約を締結するかどうかは個人の自由である

■ 原則としては更新拒絶できる

　長い間取引を続けており、今までは契約を更新し続けてきたが、事情が変わったような場合に契約の更新拒絶を検討することになります。契約の更新を拒絶することは法律上許されています。契約の更新は、今までの契約を終了させて、新しい契約を締結するという意味をもっています。誰と契約をするか、また、契約を締結するかしないかというのは、個人が自由に決められることです。したがって、契約を更新するかどうかは個人が自由に決めることができるので、長年続いてきた契約であったとしても、その契約の更新を拒絶することは法律上禁止されてはいません。

■ 損害賠償責任を負う場合がある

　原則として契約の更新を拒絶することは可能ですが、ケースによっては、契約の更新拒絶により何らかの法的責任が課せられます。
　たとえば、相手方に契約を更新することをにおわせておきながら、契約満了期日が近くなって突然に契約更新を拒絶した場合には、損害賠償責任を負う可能性があります。相手は、契約更新をにおわされたことで、契約が更新されることを前提に準備を進めているので、急に契約の更新を拒絶されることでその準備がムダになり、相手に損害が生じてしまうからです。契約の更新を拒絶する場合には、相手にも契約の更新拒絶に対応する時間を与えるために、ある程度期日に余裕をもって契約の更新拒絶を通告するべきです。

文例　基本契約の更新拒絶通知書

通告書

弊社は、平成〇年5月1日に御社と木材売買の基本契約を締結し、2年ごとの自動更新を行ってきました。契約締結から10年を迎えるにあたり、契約内容の一部変更を申し入れ、交渉を行ってきましたが、残念ながら本日に至るまで合意に達しておりません。

弊社と致しましては、提示している条件を取り下げることはできませんので、平成〇年4月30日の期間満了をもって契約を終了させて頂きたく、ご通知申し上げます。

長年の御愛顧ありがとうございました。また何らかの形でお取引できますことを心より願っております。

平成〇年4月25日

東京都〇〇区〇〇9-18
株式会社光本販売
代表取締役　光本一郎　印

〇〇県〇〇市〇〇町7-20
株式会社鈴木開発
代表取締役　鈴木一郎　殿

ワンポイントアドバイス

①商取引において条件が合わなくなり、契約更新をやめたいという場合には、相手との関係が悪化しないよう、配慮する必要があります。

②ある程度理由を明確にしておいたほうが「一方的に契約を切られた」という印象を薄れさせることができます。

13 ネットオークションのトラブルで契約を解消する

契約の解除や代金の返金を求める

■ ネットオークションとは何か

インターネット上での取引で主流となっているものに、インターネットオークションがあります。

個々のケースにより事情は異なりますが、取引が行われた商品に欠陥があった場合には、以下のような請求を受けることが考えられます。

・民法の錯誤、詐欺の主張

取引の際に購入者側に錯誤があるような場合、錯誤による無効を主張されます。また、詐欺が行われた場合には詐欺により契約を取り消される可能性があります。

・消費者契約法による取消、無効の主張

購入者側が個人で、販売者や出品者が事業者という場合、事業者と個人の取引ですから、特定商取引法や消費者契約法といった消費者を保護する法律が適用されます。

■ 文書の書き方

ネットオークションも売買契約ですから、その成立の事実、具体的には、いつ成立したか、どのような方法で成立したか、目的物は何か、価格はいくらかを記載します。

次に、売買契約が履行されないことを記載します。具体的には、あなたが代金を支払ったのに、相手が品物を交付しないことを記載します。

文例　契約解消通知書

```
　　　　　　　　　　通知書

　私は、平成○年5月14日午後8時40分
に、インターネット・プロバイダーである「
インフォイテージ」がホームページにて開催
している「ゲット・フューチャー」なるオー
クション・サイトにて、貴殿が出品されてい
た山野社製電子オルガン（型式APO－60
51）を、6万2541円にて落札した者で
す。しかるに、私が貴殿指定の銀行口座に前
記売買代金を振り込んだにもかかわらず、貴
殿からのご連絡は、今日に至るもございませ
ん。貴殿との売買契約は、履行遅滞を理由と
して解除しますので、貴殿に支払済み代金の
返還を請求致します。万一、本書面到達後、
10日過ぎても、返還なき場合は、貴殿を詐
欺罪で告訴することを申し添えます。

　　平成○年6月30日

　　　東京都○○区○○町1番2号
　　　　　　　　　　　　　　出光幸三　印

　○○県○○市○○町23番5号
　　崎田隆一　殿
```

ワンポイントアドバイス

① もはや契約を維持する意思がないのであれば、相手方の債務不履行を理由にして、契約を解除する旨、刑事告訴を検討している旨を主張します。

② さらに、代金をすでに支払っている場合には、その代金の返還を請求します。この点は、強く主張するようにしましょう。

14 フランチャイズ契約を解除する

悪質な場合には、契約を取り消すことも視野に入れる

■ 契約上のトラブルにはどんなものがあるのか

　フランチャイズ契約とは、フランチャイジー（加盟店）が自己資本で店舗等を確保、ロイヤリティーを支払い、他方、フランチャイザー（本部）は商標やノウハウの提供をして、フランチャイジーが同一イメージで営業をすることを認める継続的取引契約をいいます。

　最近、フランチャイズ契約をめぐるトラブルが増えています。トラブルの原因がフランチャイザーの経営の不健全性にあることもありますが、独立開業を急ぐあまり甘い見通しを立てるフランチャイジー側に問題があることもあるため、契約の前にフランチャイジー側をよく調査することが必要です。契約する際には、加盟料やロイヤリティ、フランチャイジー側の負う義務について明確にしておきましょう。

■ フランチャイズのしくみ

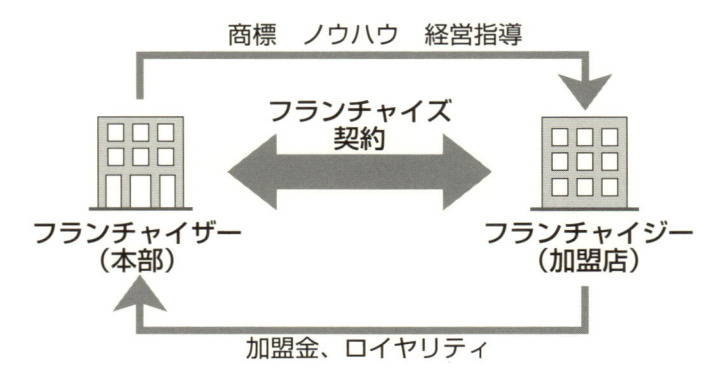

```
            商標　ノウハウ　経営指導
      ┌─────────────────────→┐
      │      フランチャイズ契約      │
   フランチャイザー  ←──────→  フランチャイジー
     （本部）                    （加盟店）
      ↑                          │
      └─────────────────────────┘
            加盟金、ロイヤリティ
```

文例　フランチャイズ契約の解除通知書

```
　　　　未納金支払督促及び契約解除通知書

　平成○年4月1日、当社と貴社の間でフラ
ンチャイズ契約を締結しました。その後再三
ご請求申し上げたものの、平成○年6月以降
のロイヤリティーのお支払いがありません。
ここに、改めて上記未納分を本書到着後2週
間以内に完納するよう請求します。
　あわせて、右期限までにお支払いいただけ
ない場合は、本フランチャイズ契約を解除す
ることを通知します。解除となった場合、契
約書中解除条項に基づいて、貴社が使用中の
「ホームワン」の屋号をはじめ、その商標を
用いた使用中の制服、各種備品等を使用でき
なくなり、貴社負担で返還することとなりま
すので、念のため申し添えます。

　　平成○年12月5日

　　　　　　東京都○○区○○2丁目3番4号
　　　　　　株式会社ホームワン企画
　　　　　　　代表取締役　甲野太郎　　印

　東京都○○区○○1丁目2番3号
　株式会社鶴亀食品工業
　　代表取締役　鶴亀太郎　　様
```

ワンポイントアドバイス

①ロイヤリティーの未払い等は明確な解除事由なので、文例のようにそれを記載すれば足ります。

②経営不振の理由が争点の場合、より具体的に記載する必要があります。

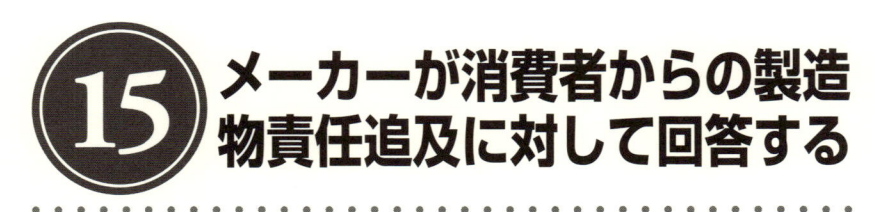

15 メーカーが消費者からの製造物責任追及に対して回答する

民法と比べて立証の負担が軽くなっている

■ 製造物責任とは何か

　不法行為に関する特別法に製造物責任法（いわゆるＰＬ法）という法律があります。同法は、ごく簡単にいえば、製造物の欠陥によって被害が生じた場合に、製造者などに損害賠償責任を負わせることにしたもので、これに基づく責任を製造物責任（Product Liability＝ＰＬ）と呼んでいます。

　一般の不法行為では、加害者の故意・過失は被害者側が立証しなければなりません。しかし、高度な科学技術に基づいて生産された種々の製造物については、技術・知識等に乏しい被害者が、加害者の過失を立証することは容易でないところから、故意・過失を立証することなく、客観的な欠陥があればそのメーカー等に損害賠償請求できることにしたところが最も重要な点です。

　ＰＬ法にいう「製造物」とは、製造または加工された動産です。いわゆる欠陥住宅はＰＬ法の対象となりませんが、住宅に使用された建材や部品等は同法の対象となります。「欠陥」とは、「当該製造物の特性、その通常予見される使用形態、その製造業者等が当該製品を引き渡した時期その他の当該製造物に係る事情を考慮して当該製造物が通常有すべき安全性を欠いていること」と定義されています。

　文例は、消費者からの製造物責任追及に対してメーカー側が回答する書面です。将来訴訟になることも予想されるケースですから、消費者側の主張をよく分析した上で、文面を作成することになります。

文例　消費者からの製造物責任追及に対しての回答書

　　　　　　　　　回答書

　平成○年9月5日付の内容証明郵便により、貴殿の損害賠償請求の趣旨をお伺いしました。
　しかし、当社で調査の結果、火の粉の飛んだ原因は製品の瑕疵ではなく、雨漏りなどによりモーター部分に水が入り込んだためと判明致しました。
　このような原因による故障は製造物責任法における「欠陥」には該当せず、当社には貴殿が請求されているような損害賠償に応じる責任はないと考えますので、御了承下さい。

　平成○年9月10日

　　　○○県○○市○○町6-7
　　　株式会社タナカ電機
　　　　　代表取締役　田中高広　印

　　　○○県○○市○○町8-12
　　　松田一郎　殿

ワンポイントアドバイス

①メーカと側としては、欠陥のないことを示すことができればよいということになります。
②製品引渡し時の科学技術の水準では判明しなかった欠陥や、原材料の供給業者のほうに責任がある場合は、製造物責任法上の賠償責任は免責されます。

16 債務不履行を理由に売主が契約を解除して商品返還を請求する

契約内容を誠実に実行しない場合に請求できる

■ 解除によって代金返還を請求できる

　債務不履行など法定の事由があるときには、契約当事者の一方から他方に対して意思表示をして、契約をはじめから存在しなかったものとすることができます。これを法定解除といいます。また、契約であらかじめ定めてある事由があるときには解除することができる、とする約定解除もあります。さらには、当事者双方の合意によって解除することもできます（合意解除）。

　いずれにしても、解除がなされたときには、契約は最初からなかったものとされますから、売買契約が解除されたとき、売主がすでに代金の支払いを受けていれば、買主に代金を返還しなければなりません。また、目的物の引渡しを受けている買主は、それを売主に返還しなければなりません。

■ 解除の方法について

　債務不履行を理由として解除をする場合は、原則として、相当の期間を定めて履行を催告し、履行がない場合にはじめて解除ができます。催告をしないで解除できるとする特約も、有効と考えられています。

　文例は、売主に商品の引渡を請求するものですが、それと同時に解除の通知を一緒にするものです。このように、催告と同時に条件つきで解除を宣言しておくことは、一般によく行われています。契約締結日、商品名、代金額、履行期などは、必ず明示しておくようにしましょう。

文例 契約の解除・商品返還の請求書

通告書

去る平成○年7月2日、御社と弊社の間で業務用クーラー（型番PRZ-2505）1台の売買契約を締結し、手付金20万円と引き換えに御社埼玉工場に商品を搬入・設置致しました。残金250万円のお支払いは1か月後の8月2日となっておりましたが、期日を過ぎてもお支払いがなく、8月10日付内容証明郵便にて文書到達日より1週間以内のお支払いを催告致しましたが、本日に至るまで何の回答も頂いておりません。

したがいまして、当該売買契約を解除すると共に、商品の返還を請求致します。なお、手付金20万円は搬入費用及び取り付け工事費用合計20万円と相殺とさせて頂きますので御了承下さい。

平成○年8月15日

東京都○○区○○8-8
株式会社星光商事
代表取締役　星敏光　印

○○県○○市○○町5-7
松本設備株式会社
代表取締役　松本次郎　殿

ワンポイントアドバイス

①債務不履行を理由に契約を解除する場合、いったん債務を履行するよう相当な期限を定めて請求（催告）し、それでも履行がないという状況が必要です。
②契約解除の文書を送付する前に、まず催告の文書を送付します。

17 商品の引渡しが遅れていることを理由に買主が契約を解除する

当事者の一方が契約の履行を遅らせているときは契約を解除できる

■ 相手方に責任があることを明記する

　当事者の一方が契約の履行を遅らせているときは、債務不履行の場合と同様、まず催告の手続を踏み、それでも履行されない場合は契約を解除することができるとされています。

　また、期日までに履行がないと契約を締結した目的を果たすことができないような場合は、催告なしで契約解除することができる場合もあります（参考文例を参照）。契約解除を通知する場合は、どのような理由で解除権が発生したかを明確に記載しましょう。

〈参考〉購入時の目的が達成できないので売買契約を解除する通知 ………

通知書

　平成○年７月１２日、御社と当社の間で締結致しましたデジタルカメラ（Ｃ社製ＰＩＸ１０００ＩＲ）２０台の売買契約につき、下記の理由をもって契約解除させて頂くことを通知致しますのでご了承下さい。

記

１．当該契約では、７月３０日に一括納品することとされていたが履行されず、その後文書にて納品を催促したにもかかわらず本日に至るまで納品がない。
２．当該商品は当社が８月２０日から開催する講習会の出席者に教材として配布する予定のものであり、これ以上納品が延滞すると当初の目的を果たすことができない。

以上

平成○年８月１８日

○○県○○市○○町２－７－１１０１
株式会社　山田企画
代表取締役　山田正一　印

○○県○○市○○町８－１１－２
株式会社　モア電器
代表取締役　山本敬介　殿

文例 商品引渡しの遅れを理由にする契約解除通知書

通告書

　私どもは平成○年6月1日、御社にレーザープリンタ（PM-ZZ）5台を発注し、6月15日納品として売買契約を締結致しました。しかし、期日が過ぎても納品がないばかりか、6月20日に内容証明郵便で出した催告の通知にも何の回答もありません。
　つきましては、民法541条の規定により、当該契約を解除致します。
　なお、私どもは当該レーザープリンタを使用して作成する予定だった広告ポスターの作成業務を受注できなくなりました。この損害につきましては別途計算の上、改めて請求させて頂きますので御承知おき下さい。

平成○年6月25日

　　　　　　　　○○県○○市○○町9-18
　　　　　　　　株式会社竹田印刷
　　　　　　　　代表取締役　竹田一郎　印

○○県○○市○○町7-2-5
マヤ電機株式会社
代表取締役　真屼一郎　殿

ワンポイントアドバイス

①いつ契約したか、いつが履行期日だったか、いつ催告したかという日付が重要になります。
②契約解除の文書を出す際には、時系列にそって各事象の日付を明記しておきましょう。

18 リース契約の解除と残リース料金支払請求を同時にする

リース契約は三者が関わりを持つのが特徴

■ リース契約には定型例があるわけではない

　リース契約とは、特定の目的物の所有者たる貸手が、借手に対して合意された期間（リース期間）についてその目的物を使用する権利を与え、借手が使用料（リース料）を貸手に支払う取引をいいます。リース契約は、機器や設備の売主とリース会社、利用者という三者が関わりを持つのが特徴です。

　しくみを説明すると、まず、利用者に代わってリース会社が機器・設備を購入し、売主は購入したリース会社から代金支払を受けます。そして、代金を支払ったリース会社がその購入した機器や設備を利用者に貸して、利用者が機器設備を利用します。その際、利用者はリース料をリース会社に支払います。つまり、リース契約はリース会社と利用者の間で結ばれることになります。このリース契約の場合、仮に利用者がリース料の支払いができなくなった場合には、その機器や設備を引き上げることができます。これはその機器や設備の所有権がリース会社にあるからです。

　なお、リース契約を途中で解約する場合には、残った期間に応じた損害金を支払わなければならないように取り決められています。また、仮に機器や設備に欠陥があったとしても、リース会社は原則として瑕疵担保責任（売買の目的物に普通ではわからないような隠れたキズがある場合に売主が負う責任）を負わないため、機器・設備の管理や点検についても責任を負いません。ただ、業者や目的物によって契約内容は異なるので、よく確認するようにしましょう。

文例 リース契約解除・残リース料金支払請求書

> 通知書
>
> 当社は貴殿との間で、平成〇年〇月〇日、リース料金を月々40000円とする△△のリース契約を締結しました。
> しかし、平成〇年〇月より3か月分のリース料金が支払われておりません。
> つきましては、本書面到達後5日以内に上記未払いのリース料金をお支払い下さいますよう請求致します。もしお支払いがないときは、再度、催告することなく上記期間の経過をもって当該リース契約を解除致します。
>
> 平成〇年〇月〇日
>
> 　　　東京都〇〇区〇〇1丁目2番3号
> 　　　株式会社田中商会
> 　　　　　　代表取締役　田中一郎　印
>
> 東京都〇〇区〇〇5丁目6番7号
> 高橋謙一　殿

ワンポイントアドバイス

① リース契約では、通常、顧客（ユーザー）からの途中解約は認められていませんが、ユーザーがリース料の支払いを怠った場合は、ユーザーの債務不履行となります。

② 未払いリース料金の請求（催告）と解除の通知を別にするのは煩雑なので、一緒に記載しておくと手間が省けます。

19 買主からの商品修理または交換請求に対して売主が回答する

追及できる期間は商品が引き渡された時点から6か月

商品の検査が必要となることがある

　売買契約を締結して、売主から買主に売買契約の目的物が引き渡された後、その目的物に隠れた欠陥が見つかった場合、買主は売買契約の解除や売主に対する損害賠償請求ができます。このように、売買契約の目的物に欠陥があることで生じる売主の責任のことを瑕疵担保責任といいます。

　企業同士の取引など商人間で売買契約が締結された場合には、経済活動の円滑化を図るために、買主は目的物を検査して目的物に欠陥がある場合にはその旨を売主に通知する必要があります。もし、買主が目的物の検査を怠ったり、検査をして目的物に欠陥があることを発見したとしてもその旨を売主に通知することを怠った場合には、買主は売主に対して瑕疵担保責任を追及することができません。

　また、商人間で売買契約が締結された場合には、瑕疵担保責任を追及できる期間は、売主から買主に商品が引き渡された時点から6か月間であるとされています。もし、それ以後に目的物の欠陥を発見したとしても、買主は瑕疵担保責任を追及することはできません。

　商人ではなく一般の人の間で締結された売買契約であれば、目的物が買主に引き渡されてから10年間は、買主は売主に対して瑕疵担保責任の追及が可能です。しかし、商人間の取引は迅速に行う必要があるので、通常の場合と比べて瑕疵担保責任を追及できる期間が制限されています。

文例　商品修理または交換請求に対する回答書

回答書

　貴社からの「修理・交換請求書」を平成○年12月5日に受領致しました。
　故障の御指摘を頂きました商品の売買契約日は平成○年5月1日であり、すでに7か月が経過しております。商法の規定では商人間の売買の場合、買主は目的物の受領後遅滞なく検品し、故障や数量不足がある場合は直ちに売主に連絡すべき義務があり、これをしなかった場合、買主は損害賠償等の請求ができません。すぐに発見できない瑕疵でも6か月以内に発見して売主に通知しなければ同様に扱われると規定されており、御指摘の故障についての修理・交換請求の時期はすでに過ぎております。
　従いまして、当社は修理・交換の請求に応じかねますので御了承下さいますようお願い致します。
　　平成○年12月10日
　　　　○○県○○市○○町12-9
　　　　　株式会社ミヤ販売
　　　　　　　代表取締役　　宮田和也　㊞
　　　　○○県○○市○○町7-20
　　　　　株式会社徳田商事
　　　　　　代表取締役　徳田一郎　殿

ワンポイントアドバイス

①商取引の場合、経済活動の円滑化を図る目的から、商法上、買主に目的物の検査及び瑕疵の通知義務が課せられています。
②検査及び瑕疵の通知義務を果たしていないことを理由に請求を拒絶する場合、契約時点からどれくらいの期間がたっているかを明確にしておくことが重要です。

20 割賦販売契約において買主に月賦代金の支払いを請求する

20日以上の猶予期間を定めて請求すること

■ 割賦販売とはどんなことか

　割賦販売については、割賦販売法という法律で、一般の商品の販売契約とは異なった取扱いがなされています。

　割賦販売というのは、顧客が販売代金を2か月以上の期間にわたり、しかも3回以上に分割して支払いをする販売方式です。したがって、代金を2回に分けて支払う場合や、2か月以内の短期間に数回に分けて代金を支払う方式の販売は、いずれも割賦販売とはいえません。

　割賦販売の場合は、買主が割賦金の支払いを怠ったからといって、残金の一括請求や、契約解除はすぐには認められません。売主は、必ず20日以上の猶予期間を定めて書面によって請求し、それでも支払わない場合に、はじめて契約解除や、残代金の一括請求が可能になります。

　また、割賦販売では、契約が解除された場合に売主が請求できる損害賠償額にも制限があります。請求できるのは、以下のいずれかの金額及びこれに対する年6分の遅延損害金だけです。

① 商品が返還されたときは、使用期間の通常の使用料額か（販売価格－返還時の時価）のいずれか多い方
② 商品が返還されないときは販売価格
③ 商品を顧客が受け取る前に契約が解除された場合には、契約締結及び履行に通常必要な費用

文例　月賦代金支払請求書（本人への請求）

請求書

平成○年○月○日付の割賦販売契約により、貴殿は商品△△を代金40万円、12回払い、割賦代金35000円で当社より購入しました。

しかし、平成○○年○月分の割賦代金のお支払いがなされておりません。

つきましては、本書面到達後5日以内に上記割賦代金をお支払い下さいますよう請求致します。

なお、お支払い頂けない場合は、法的手段をとらせて頂くことがございますことを申し添えます。

平成○年○月○日

東京都○○区○○1丁目2番3号
株式会社鈴木システム
代表取締役　鈴木一郎　印

○○県○○市○○町3丁目4番5号
田中早苗　殿

ワンポイントアドバイス

①販売者が期限の利益を喪失させる旨の通知をしない限り、購入者は、引き続き、割賦代金を支払えば足ります。
②販売者が残金全額について一括請求したい場合は、その旨を明示した上で請求することになります。

21 本人と連帯保証人に同文で月賦代金を請求する

同一の文面を用いて請求することができる

■ 連帯保証人への請求

　本例は、本人と保証人（連帯保証人）に月賦分割代金を請求する場合です。もちろん本人と連帯保証人でそれぞれ異なる文面で通知しても構いませんが、a請求内容が同一であること、b単なる保証人ではなく、連帯保証人であることを理由として、同一の文面を用いることができます。記載すべき内容は、以下のようになります。

a 本人との売買契約締結の事実
b 連帯保証人と保証契約を締結した事実
c 月賦代金の支払期限を過ぎていること
d よって、本人と連帯保証人の両者に対して支払請求をすること

■ 連帯保証とは

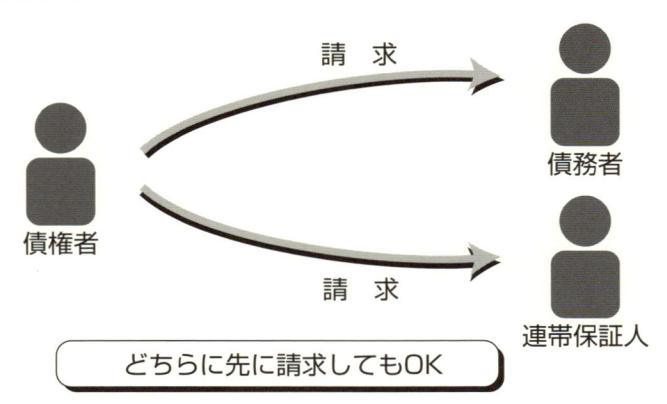

請求　債権者 → 債務者
請求　債権者 → 連帯保証人

どちらに先に請求してもOK

文例　月賦代金支払請求書（本人と連帯保証人への請求）

代金支払請求書

当社は、平成23年6月1日、A社殿と下記内容の売買契約を締結致しました。しかるに、平成24年6月30日の時点で、同年4月以降の月賦代金が支払われていません。

よって、約定に従いまして、A社殿及びB社殿の各位に対して、未払代金計30万円の支払を請求致します。

記

売買契約締結日　平成23年6月1日
売主・弊社　買主・A社　目的物・弊社製工作機械（型番〇〇）・1台　代金・250万円

支払条件
1　毎月10万円の月賦払い（10日払い）
2　A社債務をB社が連帯保証する

平成24年6月30日

　　東京都〇〇区〇〇1番25号
　　株式会社大幸機械製作
　　　　代表取締役　小野好一　印

東京都〇〇区〇〇2200-45
買主　株式会社　日吉商会
　　　代表取締役　日吉一郎　殿

東京都〇〇区〇〇12番225号
連帯保証人　株式会社　真田商事
代表取締役　真田洋一　殿

ワンポイントアドバイス

①文面は、同一でもかまいませんが、内容証明自体は「本人」と「連帯保証人」の各々に対して送付します。
②連帯保証人に対する通知状においては、連帯保証であるために、本人と同時に請求する旨を明示しておきます。

22 分割払いの期限の利益を喪失した借主に一括返還を請求する

債権者が残金を一括請求するという取り決めのこと

期限の利益とは

　期限の利益とは、おもに金銭消費貸借契約書に関わる条項です。これは、約束の期限が来るまでは、債務者に支払いの猶予が与えられるという権利のことです。

　ところが、場合によっては、その支払期日を待てないような緊急事態が起こることがあります。たとえば、支払期限前に、債務者側が支払いができなくなったという状況です。

　このような緊急事態では、契約通りに支払期日まで待っていると、期限までには貸したはずの金銭がすべて消失してしまう可能性があります。それを防ぐために「期限の利益の喪失」についての特約が記されます。これは、緊急事態が発生した場合、債権者が債務者の期限の利益を喪失させ、すぐに金銭を支払うように請求できるための規定です。つまり、債務者が期限通りに支払いを行わなければ、債権者により残金が一括請求されるというとりきめです。

　ただし、これは、民法137条においては、債権者は債務者の「極めて限定的な状況」でなければ期限の利益を喪失させることができません。このため、当事者の合意により、契約書には特約として期限の利益が喪失する条件を追加しておく必要があります。

　たとえば、「1回でも支払いを怠った場合」という条件を双方でつけた場合は、債務者がそのような状況に陥った場合には、期限の利益を喪失することになり、直ちに債務者側は未払金を全額支払わなければならなくなるのです。

文例 分割払いの期限の利益を喪失した借主への一括返還請求書

請求書

私は貴殿との間で、平成〇年〇月〇日、元金240万円、利息年1割、返済は毎月末の24回払い、遅延損害金の割合年6分とする金銭消費貸借契約を締結しました。

しかし、平成〇年〇月より2か月分の返済がなされておりません。従いまして、上記契約条項に基づき、貴殿は期限の利益を喪失しました。

つきましては、本書面到達後7日以内に残金200万円とその利息分、及び平成〇〇年〇月より返済までの年6分の割合による遅延損害金のお支払いを請求致します。

なお、上記期間内にお支払いなきときは、法的手段をとる所存でおりますことを申し添えておきます。

平成〇年〇月〇日

東京都〇〇区〇〇1丁目2番3号
株式会社ベスト信販
代表取締役　鈴木太郎　印

東京都〇〇区〇〇4丁目5番6号
山田一郎　殿

ワンポイントアドバイス

①分割払いの契約においては、通常、2回ほどの不払いにより債務者は期限の利益を喪失する旨の条項が盛り込まれています。
②債務者が期限の利益を喪失することにより、期限が到来していなかった未返済分についても、遅延損害金が発生することとなります。

23 委任事務処理の状況報告を求める

受任者には事務処理の事後報告をする義務がある

■ 状況報告を求めた場合、受任者には応じる義務がある

　委任契約とは、契約の一方（委任者）が他方（受任者）に、契約の交渉・締結や、事務処理などの仕事を自分に代わってしてもらう契約です。委任契約については、民法645条により、委任者（依頼をした方）は、受任者（依頼を受けた方）に対して、委任した仕事の現時点での処理状況を報告するように求めることができます。報告請求を受けた場合、受任者はその委任事項の進捗状況を報告することになります（参考文例を参照）。

〈参考〉委任事務処理の進捗報告をする文例 ……………………………………

```
                        報告書
　平成○年6月1日、貴殿と締結した委任契約（下記内容）に関し、9月20日付の書
面にて、貴殿から委任事項の進捗状況を報告するようにとのご請求がありましたので、
本状により報告申し上げます。
                        委任内容
所在　　○○県○○市○○町4号の201
地積　　350㎡　地目　商業地
上記土地買収に関する一切の交渉
                    進捗状況（平成○年8月31日時点）
1　　上記土地所有者である甲氏と8月28日に2回目の買収交渉を実施
2　　その際、当方の条件を提示した上で、9月25日を第3回の交渉日とし、甲氏が当
方提示条件の諾否を検討し、返答する旨を取り決める
　従いまして、9月末日までには、第3回交渉の結果を報告させて頂く予定です。
平成○年9月23日
                                      東京都○○区○○1番23号
                                        受任者　　山本一郎　印

　　東京都○○区○○3番2の6
　　　委任者　　中村次郎　殿
```

文 例　委任事務処理の報告要求書

報告要求書

　私は、平成○年6月1日、貴殿と下記事項を内容とする委任契約（以下「本契約」といいます。）を締結しました。本契約に際し、受任者である貴殿は、委任者である私に対し、委任事項に関し、その処理状況を毎月月末付で書面にて報告する旨を約しました。しかるに、7月末に上記報告が為されて以来、現在に至るまで、本契約に反して、何等の報告もなされておりません。つきましては、貴殿に対し、報告未了である期間の委任事項の処理状況を、至急、書面にて報告することを求めます。

委任内容
所在　○○県○○市○○町4号の201
地積　350㎡　地目　商業地
上記土地買収に関する一切の交渉

平成○年9月20日

東京都○○区○○1番2の6
　　　　　委任者　山本一郎　印

東京都○○区○○2番34号
受任者　中村次郎　殿

ワンポイントアドバイス

①書面には、委任契約の締結の事実、委任の内容、受任者には、民法の規定または約定に従って、委任事項の現時点での処理状況を報告する義務があることを記載します。

②また、その義務に従った報告がなされていないこと、そのために委任者は受任者に対して書面で報告を請求することを記載します。

24 委任事務処理の報酬を請求する

有償の委任契約の場合、報酬を請求できる

通常は有償契約となる

委任契約には有償のものと、無償のものとがありますが、一般には委任者が受任者に対して報酬を支払うこととするものがほとんどです。ただし、有償、無償を問わず、善管注意義務（当該職業または地位にある人が普通に要求される程度の注意義務）を負います。

受任者が事務処理の過程で取得した権利がある場合は、委任者にその権利を移転するほか、受領した金銭、その他の物品などもすぐに委任者に引き渡さなければなりません。さらに、委任を受けた仕事に費用がかかる場合は受任者から請求があれば、委任者はその費用を前払いしなければならず、また受任者が必要な費用を出したときは、委任者はその支出の日以後の法定利息を付して償還しなければなりません。

書面の書き方

委任事務処理の報酬を請求する場合、受任者は、以下の事項を記載した書面により、報酬及び費用を請求します。
a 委任契約締結の事実
b 委任事項の内容
c 契約締結時に報酬の支払いについて約定がなされたこと
d 受任者が、委任事務の内容を完遂させたこと
e その結果として、委任者には報酬支払義務が生じていること
f さらに、委任事務を処理するのに、費用を要したときには、その費用の明細と、その金額を報酬と同時に請求すること

文例　委任事務処理の報酬請求書

請求書

私は、平成○年6月1日、貴殿を委任者、私を受任者とする下記事項に関する委任契約（以下、「本契約」といいます。）を締結しました。本契約は、先般、報告したように、同年10月1日に目的を達成しました。つきましては、本契約締結時の約定に従い、契約の履行に要した費用及び委任事項処理に対する報酬（明細は下記参照）を請求致しますので平成○年10月31日までにお支払い下さい。

委任内容

所在　○○県○○市○○町4号の201

地積　350㎡　地目　商業地

上記土地買収に関する一切の交渉

請求金額明細

1　交渉・接待費　　　　金21万円
2　土地実測費用　　　　金35万円
3　委任契約報酬　　　　金135万円
　　　　　　　　　　計金191万円

平成○年10月10日

東京都○○区○○1番23号
　　　　　　　　受任者　山本一郎　印

東京都○○区○○3番2の6
委任者　中村次郎　殿

ワンポイントアドバイス

①文例は、委任契約に関し、その内容が履行され、委任契約が終了したときに、受任者から委任者に対する「委任事務処理報酬」を請求する場合です。
②民法では、委任の報酬は後払いが原則です。本件でも、委任契約締結時に後払いとの約定がなされたものとしています。

Column

粉飾決算は違法行為である

　粉飾決算とは、本当は赤字決算であるにもかかわらず、売上を水増ししたり、架空の売上を計上したり、さらには経費をごまかしたりして、利益が生じているように見せかけて黒字決算にすることをいいます。

　よく行われる粉飾の方法は、売上の架空計上です。実際には当期には存在しない売上を計上する手法です。一般には、当期の売上高が足りない場合に来期分の売上高を前倒しで当期分に計上したりします。また、商品の在庫を調整することで、売上原価を少なく計上し、結果として、売上総利益を多く見せかけるといった手口がとられることもあります。

　多くの場合、粉飾決算は会社の経営状況をよく見せようとして行われます。粉飾された決算は実態とは異なるのですから、粉飾された決算書類を信用した取引先や出資者に対して多大な不利益を生じさせる可能性があります。そのため、決算の粉飾行為は違法とされています。

　当然ですが、後日粉飾の事実が発覚した場合には、会社の信用は失墜します。また、粉飾決算に関与した取締役は、重大な責任を負うことになります。具体的には、粉飾決算の結果、会社に財産上の損害を与えた場合には、特別背任罪として刑事上の責任を追及されることがあります。

　売上の架空計上や在庫の過大計上などの粉飾も、結果として売掛金や商品の異常な増加額によって見抜くことができます。いくら粉飾を巧妙に行っても、必ず、どこかの数値につじつまが合わない所が出てきます。経営者としては、その場しのぎのための粉飾決算など絶対にしてはなりません。

第4章

債権の回収・担保

① 債権を第三者に譲渡したことを債務者に通知する

債権の二重譲渡に備えて内容証明郵便が利用される

■ 債権譲渡には債務者への通知が必要

　債権の中には、手形のように証券によって示され、その性質上譲渡されることが当然に予定されている債権もありますが、貸金債権や売買代金債権などの一般的な契約から生じる債権は、そのほとんどが、特定の者が債権者となっている債権であり、譲渡されることが当然に予定されているものではありません。このような債権を指名債権といいます。ただ、指名債権も財産の一種として譲渡することは可能です。

　指名債権は、債権者である債権譲渡人と債権譲受人との間の債権譲渡契約によって譲渡されます。譲渡される債権の債務者の承諾は必要ありません。

　しかし、債権が譲渡されたことを債務者に対抗するには、譲渡人（元の債権者）から債務者に対する通知、または、債務者からの譲渡人・譲受人いずれかに対する承諾が必要です。つまり、債権譲受人が債務者に請求するには、通知か承諾の通知が必要になります。

　また、債権の譲渡を、同一債権を二重に譲り受けた者など債務者以外の第三者に対抗するには、確定日付ある証書（変更のできない確定した日付が入った文書のこと）によって、通知か承諾がなされなければなりません。確定日付入りの証書として認められるものとしては、公正証書や内容証明郵便があります。

　ここに、債権譲渡において内容証明郵便が利用される大きな理由があります。

文例　債権譲渡通知書

```
　　　　　　債権譲渡通知書

拝啓　　益々ご清栄のこととお慶び申し上げます。
　さて、当社は貴社に対し後記の債権を有しておりますが、本日、これを東京都○○区○○1丁目2番3号株式会社△△△△に譲渡致しましたので、その旨ご通知申し上げます。
今後、後記債権の支払は上記株式会社△△△△になされますようお願い致します。　　敬具

　　　　　　　　　　　記
平成○年○月○日付商品売買契約に基づく売掛債権金400万円
弁済期日　　　平成○○年○月○日
遅延損害金　　年2割

　　平成○年○月○日
　　　東京都○○区○○4丁目8番3号
　　　株式会社鈴木商事
　　　　　　代表取締役　　鈴木三郎　印
　　　東京都○○区○○1丁目5番2号
　　　株式会社星光商事
　　　代表取締役　　星敏光　　殿
```

ワンポイントアドバイス

①債権譲渡通知は、内容証明郵便などの確定日付のある証書によって行います。
②通知を送る場合、債権の譲渡人が送るのが原則ですが、譲受人が譲渡人の代理人として送った通知は有効です。

2 債権の譲受人が債務者に譲り受けた債権の支払いを請求する

譲受人は債権を行使する前に、対抗要件の有無を確認することが必要

■ 譲受人が債務者に対して請求する

　債権を譲渡する場合、譲渡した旨を債務者に通知するか、債務者が当該譲渡を承諾しなければ、債権の譲受人は債務者に債権の支払を請求しても拒絶されてしまいます。そして、その債務者への通知は、債権の譲渡人からなされる必要があります。債権の譲受人が譲渡人に代わりこの通知をしても債務者に支払を請求することはできないので注意が必要です。もっとも、譲受人が譲渡人の代理人として送った通知は有効です。債権は、債権者から第三者に対して譲渡することができ、これを譲り受けた者は、債務者に対して直接債権を行使することができます。

■ 債権譲渡とは

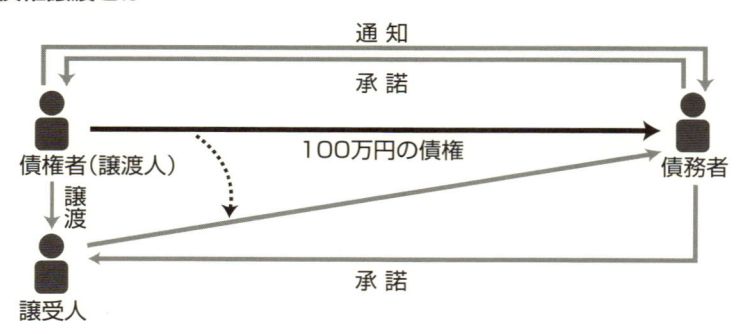

```
                        通 知
                        承 諾
   債権者（譲渡人） ──100万円の債権──→ 債務者
        │
       譲渡
        ↓
       譲受人 ────────承 諾────────
```

文例　譲り受けた債権の支払いを請求する通知書

通知書

拝啓　ますますご清栄のこととお慶び申し上げます。

さて、平成○年○月○日に、中野太一殿の貴殿に対する売掛債権金200万円を私松本一郎が取得しました。その旨は、すでに中野太一殿から平成○年○月○日付の内容証明郵便にて貴殿に通知している通りです。

つきましては、上記200万円を上記債権の弁済期となっております平成○○年○月○日までに、私あてにお支払い頂きますよう請求致します。

敬具

平成○年×月○日

　　○○県○○市○○1丁目2番3号
　　　　　　　松本一郎　印

東京都○○区○○5丁目6番7号
田中武　殿

ワンポイントアドバイス

①対抗要件を備えていないと譲受人は債務者に対し債権を行使しても、債務者から履行を拒絶されてしまいます。

②それゆえ、譲受人は債権を行使する前に、上記通知がなされているか、債務者の承諾があるかを確認する必要があります。

③ 債権譲受人からの支払請求を拒否する

法律上の根拠がある場合には支払を拒否できる

■ 支払期日が到来していない等の理由を記載する

　文例は、債務者（回答者になります）が、債権を譲り受けた譲受人（被回答者になります）から売掛金の請求を受けたのに対して、譲渡を禁止している債権なので譲受人には支払えないと通知するものです。

　債権の譲受人による債務履行の請求について、譲受人が、債務者の特約を根拠とする支払拒否の主張に納得できない場合には、さらに譲受人が異議を伝えることになります（参考文例を参照）。法律論の細部を根拠とする場合は、根拠条文も明記の上で主張した方が、誤解も防止でき、説得力も増します。

〈参考〉譲受債権の支払拒否回答に対して異議を申し立てる文書 ……………

貴社回答への異議申入書

　平成〇年４月２０日付「回答書」によって、貴社より譲受債権の支払拒否をする旨ご連絡頂きましたが、次の通りこれに対して異議を申し伝えます。
　貴社主張の通り当該売掛債権に対して、譲渡を禁止する旨の特約があったとしても、民法４６６条２項但書はこれを知らない第三者に対しては対抗できないと規定しており、弊社は特約を知らない第三者にあたります。
　従いまして、貴社は、特約の存在を弊社に有効に主張できないので、先にお送りした請求を拒むことはできません。よって、同請求書の通りお支払いを請求致します。

平成〇年４月３０日

　　　　　　　　　　　　　　　　　　　　〇〇県〇〇市〇〇町２３番地
　　　　　　　　　　　　　　　　　　　　通知人　海山金融株式会社
　　　　　　　　　　　　　　　　　　　　　代表取締役　磯野茸夫　印

東京都〇〇区〇〇１丁目２番３号
被通知人　松竹商事株式会社
　代表取締役　甲野　一郎　殿

文例　債権譲受人からの支払請求への回答書

　　　　　ご請求に対しての回答書

平成〇年4月1日付貴社からの「請求書」に対して、次の通り回答致します。
　上記請求書において、貴社が株式会社鶴亀商事より譲り受けたとする売掛金債権は、弊社と株式会社鶴亀商事との取引基本契約書により、その譲渡を禁止しております。よって弊社は貴社に対してお支払いできませんので、ご連絡すると共に、ご了解下さいますようお願い申し上げます。

　平成〇年4月20日

　　　東京都〇〇区〇〇1丁目2番3号
　　　回答者　松竹商事株式会社
　　　　　　代表取締役　甲野一郎　印

〇〇県〇〇市〇〇23番地
被回答者　海山金融株式会社
代表取締役　磯野茸夫　殿

ワンポイントアドバイス

①作成上のポイントとしては、債権者への通知と同じく、支払えない理由を明記することです。
②本例のように債権譲渡禁止条項の存在をあげる他に、支払期日が到来していない等の理由を記載することも考えられます。

4 相殺を通知する場合

対象となる債権、金額、弁済期などを明確にすること

■ 相殺とは

　AがBに対して100万円の貸金債権を有し、BがAに対して80万円の売買代金債権を有しているような場合に、AかBの一方から他方に対する意思表示によって、相互に重なり合う金額の分だけ債権債務を消滅させることを相殺といいます。上の例では、これによって80万円分の債権債務が消滅し、AのBに対する20万円の貸金債権だけが残ります。なお、相殺と似て非なるものとして相殺契約があります。相殺契約とは、当事者の一方から他方に対する意思表示ではなく、当事者双方の契約によって相互の債権債務を消滅させることです。民法上の相殺ができないような場合でも相殺契約で相殺することはできます。

■ 相殺とは

融資金（100万円）の返済請求　〇〇銀行

預金債権（100万円）

銀行が「相殺する」と意思表示

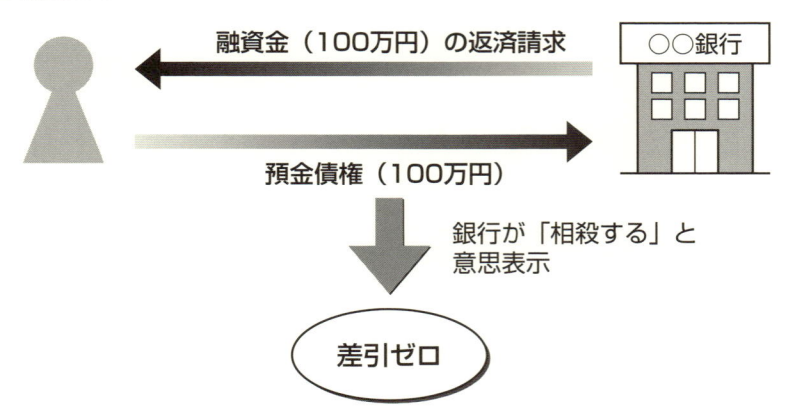

差引ゼロ

文例　売買代金債務を相殺する通知書

相殺通知書

　当社は貴社に対し、後記1の債務を負担しておりますが、他方で、貴社に対し後記2の債権を有しており、これについては未だにその支払いを受けておりません。よって、右両債権債務を対当額で、相殺致します。
　これにより、後記1の売買代金債務は全額消滅し、後記2の債権の残金は金100万円となりますことをご確認願います。なお、右残金は、本書面到達後7日間以内にお支払い下さるよう、あわせてご請求致します。

記

1　貴社に対する当社の債務
　　債務の表示　（略）
2　貴社に対する当社の債権
　　債権の表示　（略）

平成○年○月○○日
　　東京都○○区○○1丁目1番1号
　　○○商事株式会社
　　　　代表取締役　乙山二郎　㊞
東京都○○区○○2丁目2番2号
○○株式会社
代表取締役　甲野太郎　殿

ワンポイントアドバイス

①相殺後に残った債権をあわせて請求すると二度手間がかかりません。
②債権が相殺できる状態にある場合には、当事者の一方からの通告のみで相殺することが可能です。

⑤ 販売代金債務と手形金債権を相殺する

自働債権については、弁済期が到来していることが必要

■ 対象となる債権、金額、弁済期などを明確にして通知する

　販売代金債権も手形金債権も金銭の支払いを目的とする債権であるから、これを対当額で相殺することができます。

　相殺の意思表示をする側が有する債権を自働債権、その相手方が有する債権を受働債権といいます。相殺をするには、自働債権が弁済期に達していなければなりませんが、受働債権は必ずしもその必要はありません。自働債権の弁済期が到来していなければ、本来相手方はまだ支払う必要がないにもかかわらず、相殺されることによって支払いを強制されることとなってしまうからです。

　当事者間の債権が相殺できる状態にあることを相殺適状といいますが、相殺の意思表示をすると両債権は、相殺適状を生じた当時において対当額で消滅します。

　相殺は、当事者の一方だけの意思表示によって効果が生じるものですが、当事者が契約によって両債権を対当額で消滅させることもできます。

　相殺をする際には、対象となる債権、金額、弁済期、相殺後に残存する債権の額などを明確にして通知するのがよいでしょう。ただし、交通事故で発生した損害賠償債権（加害者からの相殺は認められないが、被害者からの相殺は認められる）や、差押を禁止された債権など、相殺が許されない債権もあります。

文例　販売代金債務と手形金債権の相殺通知書

相殺通知書

私は貴殿に対し後記代金債務を負担しておりますが、この債務と貴殿に対して有している後記手形債権とを本日対当額で相殺することを通知致します。これにより、私の貴殿に対する債務は完済されますが、貴殿に対する50万円の手形債権は残ります。

つきましては、手形金50万円を直ちにお支払頂くよう請求致します。

記

1　当方の手形債権

額面	金200万円
支払期日	平成〇年〇月〇日
振出人	貴殿
受取人	田中一郎
振出日	平成〇年〇月〇日

2　当方の債務

契約日	平成〇年×月×日
売買目的	商品〇〇
債務額	金150万円

平成〇年〇月〇日
東京都〇〇区〇〇1丁目2番3号
田中一郎　印

東京都〇〇区〇〇4丁目5番6号
高橋謙一　殿

ワンポイントアドバイス

①自働債権（相殺を主張する側が有している債権）となる手形金債権については、弁済期（支払期日）が到来していることが必要です。

②相殺によるとしても、手形金債権を行使する場合は、手形を呈示する必要があります。

⑥ 借主が消滅時効を援用して貸主からの支払請求を拒絶する

消滅時効期間が満了した事を記載する事

■ 消滅時効とは

　消滅時効は、一定期間権利を行使しない場合に、その権利が消滅することです。債権は、原則として、権利を行使できる時より、民法上の債権にあっては10年、商人同士の取引で発生した商事債権にあっては5年の経過により、消滅時効にかかります。また、例外的にもっと短い期間で消滅時効にかかるものもあります。

　一方、貸主として消滅時効が成立していないと考える場合にはその旨を主張することになります（下記参考文例を参照）。

〈参考〉時効を主張する債務者に時効が完成していないと反論する文書 …

```
                            請求書
　平成〇年8月1日、山田太一氏が貴殿に対して有する貸金債権金100万円を請求しましたところ、貴殿から上記債権は平成〇年5月31日に消滅時効が完成している旨の通知を受けました。
　しかし、平成〇年5月31日時点では、後見開始の審判を受けている山田太一氏には後見人が付されておらず、同年6月30日、私が山田氏の後見人に就任しました。これは時効の停止事由に該当し、私が就任した同年6月30日から6か月間は消滅時効が完成しないこととなります。
　つきましては、本書面到達後5日以内に金100万円をお支払い下さるよう改めて請求致します。

　平成〇年9月15日

                              東京都〇〇区〇〇1丁目2番3号
                              山田太一
                                     後見人　松本健　印

東京都〇〇区〇〇7丁目8番9号
　田中太郎　殿
```

文例 消滅時効を援用して貸主からの支払請求を拒絶する通知書

通知書

平成○年○月○日に貴殿より借用した200万円について、平成○○年○月○日付の内容証明郵便にて、その返済を求める通知を貴殿より受けました。

しかし、返済期限である平成○○年△月△日より11年が経過しており、貴殿の貸金債権の消滅時効期間は経過しています。

そこで、私は消滅時効を援用しますので、貴殿からの請求には応じられないことをここに通知致します。

平成○年○月○日

東京都○○区○○1丁目2番3号
　　　　　　　　　　　高橋大輔　印

東京都○○区○○4丁目7番8号
田中一郎　殿

ワンポイントアドバイス

①文例は、債権の消滅時効を援用して債権の消滅を主張するためのものです。
②時効完成後であれば、時効の利益を放棄することができます。債務者が消滅時効が完成している債権について、時効の利益を放棄して弁済することは可能です。

7 消滅時効を主張する債務者に時効中断を理由として再請求をする

中断の理由にあたる行為を明示する

■ 催告後6か月以内に訴訟提起などの手段をとる事が必要

　権利を行使しないまま放置しておくと消滅時効が進行していくのですが、債権者や債務者が一定の行為をすることによって、時効の進行がストップすることがあります。これを時効の中断といいます。時効の中断事由としては、請求・差押え・仮差押え・承認などがあります。なお、消滅時効が完成したとしても、消滅時効が完成する前に、相殺の対象となる両債権が相殺できる状態（相殺適状）になっていたときは、消滅時効が完成している債権の債務者がその時効を援用したとしても、その債権を利用して相殺することができます（参考文例参照）。

〈参考〉消滅時効にかかった債権と借入金とを相殺する通知書

相殺通知書

　当社は、貴社に対し、平成○年○月○日付の売買契約に基づく売買代金債権金２００万円を有していましたところ、平成○年○月○日に貴社から上記債権について消滅時効を援用する旨の通知を受けました。
　しかし、貴社が当社に対して有する平成○年○月○日付の金銭消費貸借契約に基づく貸金債権金１００万円と上記売買代金債権は消滅時効完成前に相殺適状でありました。そこで、当社は上記売買代金債権と上記貸金債権を対当額で相殺することをここに通知致します。

　平成○年○月○日

　　　　　　　　　　　　　　東京都○○区○○２丁目３番５号
　　　　　　　　　　　　　　株式会社　鈴木商事
　　　　　　　　　　　　　　　　代表取締役　鈴木三郎　印

東京都○○区○○７丁目８番９号
株式会社　星光商事
　代表取締役　星敏光　殿

文例 時効中断を理由とする再請求書

請求書

私が貴殿に対して有する平成○年○月○日を弁済期とする商品○○の代金支払請求に対し、平成○年○月○日に貴殿は消滅時効を援用されました。

しかし、平成○年○月○日に貴殿から支払猶予の申入れを受け、私はこれを了承しております。当該支払猶予の申入れは時効の中断事由である承認にあたり、上記代金債権は未だ消滅時効が完成していないこととなります。

つきましては、本書面が到達後7日以内に上記代金100万円をお支払い下さいますよう請求致します。

平成○年○月○日

○○県○○市○○町1丁目2番3号
長岡次郎 印
○○県○○市○○町7丁目8番9号
山本武 殿

ワンポイントアドバイス

①時効期間が経過する前に、債権者の請求や差押え、仮処分、債務者の承認などの事情があると、消滅時効は中断し、当初の期間の経過によっても消滅しません。

②時効中断を主張する場合は、いかなる事由が中断事由となるのかを具体的に示したほうがよいでしょう。

8 債権を放棄する

債権者が債権を無償で消滅させることができる

■ 債務免除とは

　債務免除は、債権者が債権を無償で消滅させる行為です。一般には、債権放棄と呼ばれることが多いようです。債権者の債務者に対する一方的な意思表示だけで効果を生じますので、債務者の意思は問題にはなりません。

　1000万円の債権のうち600万円支払えば残りは免除するというように、債権の一部を放棄したり、何らかの条件をつけて免除することもできます。なお、債権が差し押えられたり、債権質が設定されているような場合には、差し押えられ、あるいは質権を設定された債権について免除することはできません。

■ 債権放棄をした事実を証拠として残す

　債務者の資産が全くなく将来も回収が見込めない場合、債務者が更生するきっかけを与えるために債権者が債権を放棄することがあります。文例はそのような場合に使用するものです。

　債権放棄は、口頭でもできますし、わざわざ内容証明郵便を利用する必要性に乏しいものですが、ただ、無資力の債務者に対して放棄したことを明確にしたいという場合などに、内容証明郵便を利用することも少なくありません。また、債権の放棄は債権者にとっても、放棄した額を税務上損金として処理できるというメリットもあります。その際、債権を放棄した事実を税務署に証明する必要がありますから、債権放棄をした証拠として内容証明郵便を利用しましょう。

文例　債権を放棄する通知書

　　　　　　　債権放棄の通知書

　平成〇年3月31日付金銭準消費貸借契約に基づいて、私は貴社に対して金800万円の債権を有しておりますが、本日、同契約に基づく私の貴社に対する債権を放棄し、貴社の債務を免除しますので、通知致します。

　平成〇年4月1日

　　　　東京都〇〇区〇〇1丁目2番地3
　　　　　　　　通知人　甲野一郎　㊞

　東京都〇〇区〇〇2丁目3番地5
　株式会社松竹物産
　代表取締役　乙川二郎　殿

ワンポイントアドバイス

①後日確実に放棄したことを証明するために、文例のように書面を作成し、内容証明郵便などを用いるのも一つの有効な方法です。
②放棄する債権をきちんと特定するためには、文例のように契約が明確な場合は、その契約を明記して特定することも一案です。

⑨ 手形所持人が裏書人に手形の不渡りを通知する

手形所持人は裏書人に不渡通知をする必要がある

■ 不渡りとは

　不渡りとは、簡単に言うと手形の呈示がなされたにも関わらず手形金が支払われないことです。不渡りとなる原因はさまざまで、手形所持人に原因がある場合、振出人にある場合、そのどちらでもなく手形そのものに問題があるような場合が考えられます。

　不渡事由は、原因によって3つに分類されており、手形所持人に原因があって不渡となった場合は0号不渡事由、振出人の資金不足のような、不渡りになった原因が一方的に振出人に存在する場合は1号不渡事由、その他の場合は2号不渡事由という扱いがなされています。

　不渡りとなった手形の所持人は、裏書人に対して手形金の支払を請求することができるのですが、そのためには裏書人に対する請求権を確保しなければなりません。

　まず、裏書人に対する請求権を確保するためには、法的に完全とされる手形を支払呈示期間内に呈示していなければなりません。

　また、手形が不渡りになった場合、手形所持人は裏書人に不渡通知をする必要があります。手形所持人が裏書人に不渡通知をしなかったとしても、裏書人への請求権を失うわけではないのですが、通知しないまま裏書人に手形金の支払いを請求した場合、通知されていれば問題なく支払えたのに、突然請求を受けたために裏書人が予定外の損害をこうむってしまうこともあるのです。このような場合、手形所持人が手形金額を上限に、裏書人のこうむった損害を賠償しなければならなくなるので、通知は怠らないようにしましょう。

文例　手形所持人が行う裏書人に対する不渡り通知書

　　　　　　　　　　不渡通知書

私は、所持する後記約束手形を平成○年○月○日、支払のために支払場所である△△銀行△△支店へ呈示しましたが、その支払を拒絶されました。
　つきましては、裏書人である貴殿に対して、その旨通知致します。

記

（手形の表示）
額面	金300万円
満期	平成○年○月○日
振出人	○○株式会社

振出日	平成○年○月○日
振出地	東京都○○区
支払地	東京都○○区
支払場所	△△銀行△△支店
受取人及び第一裏書人	□□株式会社
第二裏書人	○○○○

　　平成○年○月○日

　　　　東京都○○区○○2丁目3番5号
　　　　　　　　　　　　山本安雄　㊞
　　東京都○○区○○1丁目2番3号
　　加藤正広　殿

ワンポイントアドバイス

①支払拒絶証書作成の日（拒絶証書の作成が免除されているときは手形の呈示日）から4取引日内に裏書人に対して不渡りを通知します。

②裏書人へ遡求するには、支払日に支払場所で手形を呈示することを要するので、その手続を踏んでいることを書面に示すとよいでしょう。

10 手形所持人が裏書人に手形金の支払いを請求する

手形の所持人は裏書人に対して手形金額を請求することができる

■ 遡求とは

　振出人の資金不足で手形が不渡となった場合、手形所持人は振出人に支払を求めることになります。さらに、この手形が裏書譲渡されている場合、つまり裏書人がいる場合には、手形所持人は裏書人に対して手形金の支払を請求することができます。これを遡求と言います。

　また、手形の所持人に手形金額を支払った裏書人は、自分よりも前の裏書人に対し、さらにその手形金額の支払を請求することができます。これを再遡求といいます（参考文例を参照）。

〈参考〉第二裏書人が第一裏書人にする手形の不渡りの通知

```
                      不渡通知書
　平成○年○月○日、後記約束手形の所持人である田中一郎殿から第二裏書人である当社宛に、支払をなすべき日に支払場所である△△銀行△支店にて当該手形を呈示したところ支払拒絶された旨の内容証明郵便が到着しました。そこで、第一裏書人である貴社に対しその旨を通知致します。
                         記
　手形の表示
　　額面　　　金２００万円
　　満期　　　平成○○年○月○日
　　振出人　　□□株式会社
　　振出日　　平成○○年○月○日
　　振出地　　東京都○○区
　　支払場所　△△銀行△支店
　　受取人兼第一裏書人　貴社
　　第二裏書人　当社

　平成○○年○月△日

                                東京都○○区○○１丁目２番３号
                                株式会社　鈴木商店
                                　代表取締役　鈴木一郎　印

　東京都○○区○○５丁目６番７号
　　株式会社　松井建設
　　代表取締役　松井二郎　殿
```

文例 裏書人に手形金の支払を求める請求書

請求書

当社が所持する後記約束手形をその支払をなすべき日となる平成○年○月○日に支払場所である△銀行△支店にて呈示したところ支払を拒絶されました。そこで、第一裏書人である貴社に対し、約束手形金及び年6分の割合による満期からの遅延利息分を請求致します。

記

手形の表示
額面	金300万円
満期	平成○○年○月○日
振出人	○○株式会社
振出日	平成○○年○月○日
支払地	東京都○○区
支払場所	△銀行△支店
受取人及び第一裏書人	貴社

平成○年○月○日

東京都○○区○○5丁目6番7号
株式会社星光商事
代表取締役　星　敏光　㊞

埼玉県○○市○○8丁目9番10号
株式会社坂本商会
代表取締役　坂本一郎　殿

ワンポイントアドバイス

①手形の裏書人が複数いる場合、手形の所持人は手形金額をいずれの裏書人に対して請求してもかまいません。

②裏書人に、手形金額、利息の記載があればその利息分、年6分の割合による満期以後の遅延損害金、支払拒絶証書作成や通知等の費用を請求できます。

11 代金未回収による損害賠償を相手企業の代表取締役に請求する

損害の具体的内容や因果関係を明示する

■ 取締役に責任を追及できる

　取締役の任務違反行為によって、会社以外の第三者（株主や会社債権者）に損害が発生した場合、取締役は、その第三者に対しても特別の責任を負います（60ページ）。

　取締役に対する責任を追及する場合、文面にはａ請求相手が取締役である会社と取引したこと、ｂその取引に際して、当該取締役に、悪意または重過失のある行為が存したこと、ｃその行為によって、自己に損害が生じたこと（損害の具体的内容を明示し、当該取締役の行為と損害との因果関係も明らかにします）を記載します。

■ 取締役の第三者に対する責任

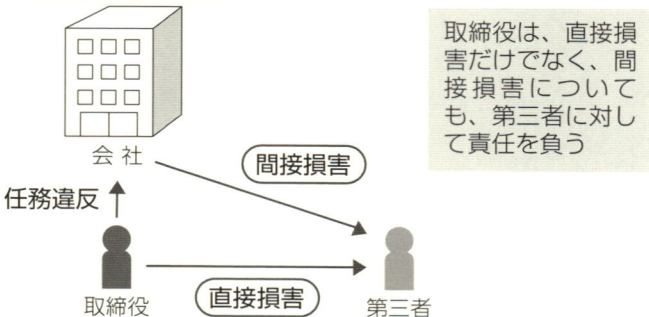

直接損害と間接損害

会社 — 間接損害 → 第三者
↑任務違反
取締役 — 直接損害 → 第三者

取締役は、直接損害だけでなく、間接損害についても、第三者に対して責任を負う

文例　代金未回収による損害賠償を求める請求書

損害賠償請求書

　当社は、平成○年5月10日、貴殿を代表取締役とする株式会社○○（貴社）に食用添加剤△100kgを代金200万円、支払期日は引渡の1か月後との約定で、売り渡しました。しかるに、貴殿は、右契約締結時点で、近々貴社が2回目の不渡を出すことを知悉の上、本件契約を締結したものであります。その後、貴社は、予想通り取引停止処分となり、現在、事実上の倒産状態にあります。その結果、当社の販売代金200万円は未だに支払われていません。以上の事実関係の下では、代表取締役である貴殿が当社と上記売買契約を締結した際に、代金の支払不能に関し、悪意であったと解せます。よって、代表取締役であった貴殿に対し、会社法429条1項に基づき、右売買代金を損害賠償として請求致します。

平成○年7月15日
東京都○○区○○1丁目エースビル301
株式会社高居食品材料
　　　　　代表取締役　吉岡久三　印
東京都○○区○○1丁目25番の26
株式会社勝野建設
代表取締役　勝野克美　殿

ワンポイントアドバイス

①文例は、株式会社の取締役（代表取締役を含む）の第三者に対する責任を追及する事例です。
②取締役は、会社法429条1項により、悪意または重過失の場合は、職務の遂行に関し、第三者に生じた損害を賠償する責任を負います。

12 抵当権者が転抵当権の設定を債務者に通知する

元となる抵当権(原抵当権)の内容を通知する

■ 転抵当とは

抵当権を他の債権の担保とすることを「転抵当」といいます(376条1項前段)。たとえば、A所有の甲土地に抵当権をもつBが、甲土地の抵当権を自己の債権者Cのために担保に提供する場合などです。抵当権を担保に入れることによってBが資金を調達することが可能になります。

転抵当権の設定については、債務者である抵当権設定者に対して、抵当権者から転抵当の設定通知をする必要があります。

■ 書面の書き方

転抵当をなす場合の通知書には、以下の事項を記載します。

① 抵当権の表示

転抵当権が設定される元となる抵当権(原抵当権)の内容を述べます。具体的には、抵当地、債務者(原抵当権設定者)、被担保債権、等を記載します。

② 転抵当権の表示

次に、転抵当権の内容を述べます。具体的には、転抵当権者、転抵当権の被担保債権などについて記載します。

文例　転抵当権の設定通知書

通知書

私は、貴殿所有の下記1の土地に下記2の抵当権を有していますが、今般、下記3記載の通り、同抵当権に転抵当権を設定致しましたのでご通知致します。

記

1　抵当地の表示
　　所在　東京都○○区○○1丁目2番
2　原抵当権の表示
　　債務者及び抵当権設定者　　貴殿
　　被担保債権
　　平成24年5月6日付金銭消費貸借貸金
　　債権額3000万円

3　転抵当権の表示
　　転抵当権者
　　東京都○○区○○1丁目2番4－8－6
　　山本太郎　殿
　　設定日及び被担保債権
　　平成24年8月2日付設定　同日付金銭消費貸借貸金債権　2500万円

平成24年8月3日
　　　　東京都○○区○○1丁目25－7
　　　　　（抵当権者）　　鷹之幸秀　㊞
　　　　○○県○○市○○町214番の5
　　　　（債務者・抵当権設定者）　吉橋喜一　殿

ワンポイントアドバイス

①本例は、抵当権者が自己の有する抵当権を、さらに自分の債務の担保とする場合の通知です。
②このように、抵当権者が自分の抵当権を担保として、抵当権に抵当権を設定することを転抵当といいます。

13 抵当権消滅請求の通知をする

所有権を取得した者に認められる権利である

■ 所有権を取得した者が申し出る

　抵当権の負担がついた不動産の所有権を取得した者には抵当権者に対して抵当権の消滅を請求する権利（抵当権消滅請求）が認められています（民法379条）。具体的には、不動産の購入者など不動産の所有権を取得した者が、不動産の価格を評価して、「この物件は競売されたら4000万円ぐらいだから、私が4000万円で買いとります。その代わりに抵当権を消滅させてもらえませんか？」というように、抵当権者に申し出ます。ただし、申し出を受けた抵当権者（通常は銀行など）は申し出を拒否することもできます。この場合、その抵当権者が2か月以内に競売を行うことになります。

■ 内容証明郵便で全抵当権者に通知する

　不動産の取得者が抵当権消滅請求を行使する場合、不動産の取得の原因・年月日、譲渡人・取得者の氏名と住所、抵当不動産の性質・所在・代価その他取得者の負担を記載した書面を全抵当権者などに通知します（民法383条）。抵当権消滅請求をする場合には、文例のような書面を作成します。書面には、a 土地の表示（抵当権が設定されている土地に関する記載）、b 抵当権の表示（設定されている抵当権の内容）、c 抵当不動産の取得（抵当権の目的不動産に関し、その所有権を取得した年月日・取得原因・取得代価）、d 譲渡人および取得者（その土地の売主の住所・氏名と、書面の作成者であり、買主でもある通知人の住所・氏名）について記載します。

文例　抵当権消滅請求の通知書

通知書

私は、下記1の土地を下記2に記載の通り、譲渡人山本太郎殿より取得しましたが、同地には、貴殿の抵当権（下記1）が設定されています。ついては、下記1の抵当地を2000万円と評価し、貴殿に対し同金員を提供することにより、抵当権の消滅を請求致します。なお、本件抵当権消滅請求権の行使に関し、抵当地の登記簿謄本を別便にて送付致します。

記

1　土地及び抵当権の表示
　　所在　東京都○○区○○1丁目2番
　　被担保債権額　3000万円
2　本件土地の取得
　　平成24年8月20日付売買
　　売買代金額　1000万円
3　譲渡人の表示
　　東京都○○区○○1丁目2-8-7
　　山本太郎殿

平成24年8月25日
　　東京都○○区○○1丁目25
　　（第三取得者）　開田栃雄　印
　　東京都○○市○○町25番の4
　　（抵当権者）　蒔田駄助　殿

ワンポイントアドバイス

①抵当権消滅請求権とは、抵当権のついた土地の「所有権」を取得した者が、自らその土地を評価した額を抵当権者に提供して、抵当権の消滅を求める制度です。
②さらに、本件の通知と同時にその土地についての登記簿謄本を送付します。

14 根抵当権設定者が元本確定を根抵当権者に対して請求する

一定の限度額（極度額）まで担保する形式の抵当権

■ 根抵当権について

　根抵当権とは、特定の取引から生じる多数の債権について、一定の限度額（極度額）まで担保する形式の抵当権です。根抵当権は、継続的な取引をしている債権者が債務者に対する債権を一括して担保するのに有益な制度です。

■ 元本を確定する

　根抵当権は元本の他利息・遅延損害金をすべて極度額まで担保します。元本は一定の事由があると確定します。元本が確定すると、その額の債権を被担保債権とする通常の抵当権とほぼ同様に扱うことができます。たとえば、極度額が6000万円の根抵当権について元本が5500万円と確定されたのであれば、その後は5500万円の債権を担保する通常の抵当権と同じように考えればよいのです。

　元本確定を請求する書面で、記載すべき事項は、次の通りです。

① 　根抵当権の表示

　具体的には、根抵当権の担保目的不動産、設定日、設定者、極度額、被担保債権の内容などを記載します。

② 　期間の経過

　設定日から3年が経過したことを指摘します。

③ 　確定請求の意思表示

　元本確定日を定めていないので、期間の経過により、設定者に確定請求権が発生し、それを行使する旨の記載をします。

文例　根抵当権の元本確定を求める請求書

根抵当権元本確定請求書

私は、下記1の土地に貴殿のために下記2の根抵当権を設定致しましたが、同根抵当権の設定に際し、元本の確定日を定めませんでした。しかるに、平成24年8月20日をもって設定日より3年が経過致しました。よって、元本額を上記時点における金額に確定する旨の請求を致します。

記

1　担保目的地の表示
　所在　東京都○○区○○2丁目3番
　地目　宅地

2　根抵当権の表示
　設定日　平成21年8月20日
　極度額　3000万円
　被担保債権　○○の継続的売買
　債務者兼設定者　本通知人
　根抵当権者　貴殿

平成24年8月25日
　　東京都○○区○○1丁目27の1
　　（債務者兼設定者）　吉永単銘　㊞

東京都○○市○○町2250番の25
（根抵当権者）　高野辺紀夫　殿

ワンポイントアドバイス

①本例は、民法398条の19による「根抵当権の元本の確定請求」の通知です。
②元本の確定期日を定めていないときには、設定から3年が経過した時点で、設定者は根抵当権者に対して、担保すべき元本額を確定することを請求できます。

15 根抵当権設定者が根抵当権の極度額の減額を請求する

極度額減額請求権は根抵当権設定者の権利である

■ 根抵当権が利用されるケース

継続的に取引を行っている場合、普通の抵当権を設定して代金債権を担保しようとすると、買主が売主から商品を購入するたびに抵当権を設定しなければならず、手続が非常に煩雑になってしまいます。そのため、継続的取引から生じる債権を担保する場合には、将来生じる債権までまとめて担保できる根抵当権が用いられます。

■ 元本確定後に極度額を減額できる

根抵当権は、極度額を限度として債権を担保します。たとえば、1000万円を極度額とする根抵当権を設定した場合には、1500万円の債権が生じたとしても、1000万円の部分のみが担保されることになります。

根抵当権は、元本が確定することで、担保される債権が特定されます。元本の確定がなされると、その時点で生じていた債権のみが根抵当権により担保されます。そして、元本が確定した後に、極度額を現に存在する債権の額と以後2年間に生じる利息・遅延損害金などに限った額に減らすよう、根抵当権設定者が行う請求のことを極度額減額請求といいます。元本が確定しても、それだけでは、確定した元本の金額に対して、その後に発生する利息・遅延損害金も当初の極度額まで根抵当権により担保されていまいます。そのため、根抵当権設定者は、極度額自体を元本確定時の元本と以後2年間に生じる利息等の合計まで減額するよう請求できます。

文例 根抵当権の極度額の減額を求める請求書

```
　　　　根抵当権極度額減額請求書
　私は、下記1の土地について、貴殿のため
に下記2の根抵当権を設定致しましたが、元
本の確定日が到来致しました。つきましては
、下記2の根抵当権に関し、本書面により極
度額を確定日において存する元本及び以後2
年間に生ずべき利息の合計金額まで減額する
ことを請求致します。
　　　　　　　　　　記
1　担保目的地の表示
　所在　東京都○○市○○1丁目22番

2　根抵当権の表示

　設定日　　平成13年5月4日
　極度額　　3000万円
　利息及び遅延損害金　年1割
　被担保債権の範囲
　○○に関する継続的売買による債権
　元本確定日　平成24年8月20日

　平成24年8月22日
　　　　東京都○○区○○2丁目2番
　　　　（根抵当権設定者）　伴野郁夫　㊞

　　　○○県○○市○○1丁目2番
　　　（根抵当権者）　土橋幾雄　殿
```

ワンポイントアドバイス

①本例は、根抵当権設定者による根抵当権者に対する「極度額」の減額請求のための書面です。
②記載すべき事項は、a担保目的地の表示、b根抵当権の表示（設定日、極度額、元本確定日など）、c極度額減額請求の意思表示を記載します。

16 第三取得者が根抵当権の消滅を請求する

根抵当権そのものを消すことができる

■ 極度額に相当する金銭を支払うことが必要である

　根抵当権は、取引関係から生じる債権を包括的に担保する抵当権です。根抵当権が確定した場合には、担保される債権が特定され、その時点で生じていた債権のみが根抵当権により担保されます。

　根抵当権の元本が確定した後には、根抵当権を設定した者や根抵当権の目的となっていた不動産の所有権を取得した者（第三取得者）などは、根抵当権者に対して根抵当権消滅請求が可能です。元本の確定後も根抵当権者が有している債権の額が根抵当権の極度額を超える場合には、極度額に相当する金銭を支払うことで、第三取得者などは根抵当権の消滅を請求できます。

　たとえば、A所有の甲土地に、Aを根抵当権設定者、Bを根抵当権者とする極度額1000万円の根抵当権が設定されたとします。その後、甲土地の所有権がCに譲渡された場合、この根抵当権の元本確定後に、Cは極度額の1000万円をBに支払うことで、根抵当権を消滅させることができます。

　抵当権がついた不動産の第三取得者は、抵当権を消してしまおうと考えます。なぜなら、不動産に抵当権がついたままだと、いつ不動産が競売にかけられてしまうかわからないからです。不動産が競売にかけられてしまうと、他の人が不動産の所有権者となるので、第三取得者はせっかく手に入れた不動産の所有権を失ってしまいます。そのため、不動産の第三取得者は、不動産の所有権を失わないようにするために、根抵当権消滅請求を行います。

文例　第三取得者が根抵当権の消滅を求める請求書

根抵当権消滅請求書

私は、下記1の土地を取得した者ですが（下記3記載）、平成24年8月21日、下記1の土地に対する貴殿の根抵当権の元本が確定しました（下記2）。従って、確定時における元本及び利息の合計金額2200万円を貴殿にお支払いして、根抵当権の消滅を請求致します。

記

1　担保目的地の表示
　所在　東京都○○市○○町1丁目22番
2　根抵当権の表示
　設定日　平成23年8月21日

　設定者　松本清　殿
　極度額　2000万円
　利息及び遅延損害金　年1割
　被担保債権の範囲　△の継続的売買に基づく債権
　元本確定日　平成24年8月21日
3　松本清殿との平成24年5月6日付売買

平成24年8月25日
　　東京都○○区○○1丁目2番
　　（第三取得者）　矢津伸介　印
東京都○○市○○町1丁目25
（根抵当権者）　時田貢　殿

ワンポイントアドバイス

①本例は、根抵当権の付いた土地の所有権を取得した者（第三取得者）から、根抵当権者に対して、「根抵当権の消滅」を請求する書面です。
②書面には、担保目的地の表示、根抵当権の表示、担保目的地の所有権取得、元本が確定したこと、「第三取得者」による意思表示の記載をします。

17 債権者が債権質を設定した旨を債務者に通知する

債務者が第三者に対してもつ債権を質権の目的とするもの

■ 質権とは

　質権は、債権者が自己の債権を担保するために債務者の所有物を預かる形式の担保物権です。債務の弁済がなされないときには、債権者（＝質権者）は債務者（＝質権設定者）の目的物を競売（裁判所によって行われる、複数の買い手に買値をつけさせて、その中で一番高い値段をつけた人に売却をする手続きのこと）して債権を回収します。

　質権は、質物とする物の種類によって、動産質・不動産質・権利質に分けられます。もっとも、実際には不動産質が利用されることはほとんどありません。質権の多くは、動産質です。動産質を成立させるためには、質権設定の合意と共に債権者が債務者から目的物（質物）を実際に預かることが必要です。

　債権質とは、債務者が第三者に対してもつ債権を質権の目的とする場合です。たとえば、AがBに対して債権をもっていて、BはC（第三債務者といいます）に対して債権をもっているとします。このとき、AがBのCに対する債権を目的としてBとの間で質権を設定するような場合です。

　債権質は、質権設定の合意の他、債権の譲渡に証書の交付が必要なものを質権の目的とする場合には、証書の交付を受けることによって成立します。また、第三債務者（債権者Aの債務者であるBが、Cに対して債権をもっている場合に、CのことをAとの関係で第三債務者という）に質権を主張する場合には、債務者からの通知または第三債務者の承諾が必要になります。

文例　債務者に対する債権質を設定した旨の通知書

通知書

私は、貴殿に対して下記1の債権を有しておりますが、平成24年8月20日付で同債権に下記2に記載の通り、質権を設定致しましたので、その旨通知致します。

記

1　原債権の表示
　債権者　通知人　　債務者　被通知人
　債権の内容
　通知人と被通知人間の平成24年6月1日付金銭消費貸借による金3000万円
　返済期　平成25年5月31日
　利息及び遅延損害金　年1割

2　債権質の内容
　質権設定日　平成24年8月20日
　質権者　東京都○○区○町○丁目25番
　　　　　山本太郎　殿
　質入債権　上記1に記載の債権
　質入額　2500万円

平成24年8月20日

　　　　東京都○○市○○町1丁目29-8
　　　　（質権設定者）　　今居麻衣子　印
○○県○○市○○町1丁目25番
（第三債務者）　　岡野清輝　殿

ワンポイントアドバイス

①本例は、「債権質」の設定を通知する書面です。
②書面には、原債権の表示と債権質の表示（たとえば、甲のＡに対する債権を担保するために、ＡがＢに対して有する債権を質入れした旨）を記載します。

18 譲渡担保権を実行する

実行した場合、債務者や担保権の設定者に通知する

■ 法律によって規定されている担保権ではない

　債務者から担保をとりたい場合でも、担保としてとれそうなものが営業用の機械や商品などの動産しかない場合には、譲渡担保の方法が利用されています。譲渡担保は、担保目的物の所有権を債権者に移転して、引き続きその物を債務者が債権者から借り受け、使用を続けるというものです。債務者が期限内に債務を履行すれば、目的物の所有権は債権者から債務者へ戻されます。債務者が期限が来たのに債務を返済しない時には、債権者は目的物の引渡しを要求し、あらかじめ約束した方法によって、その所有権を確定的に取得したり、または第三者に売却して、その代金の中から債権回収をはかることになります。

　譲渡担保権の実行方法についても、譲渡担保自体が法律によって規定されているものではないために、原則として、当事者が契約で自由に定めた方法で行なうことができます。譲渡担保の目的物は、債務者の手元におかれているので、債権者が第三者に対して所有権を主張するためには、少なくとも契約書を作成して、担保権の内容をはっきりと定めておくことが欠かせません。

　債務不履行が生じたら、まず債権者が譲渡担保権を実行する旨を通知して、担保目的物の所有権や債権者としての立場を確保します。そして、たとえば目的物を債務者に使用するのを許していた機械などの動産については、債務者に引渡しを求めます。債務者がこれに応じなければ、仮処分をした後、引渡請求訴訟を起こすことになります。その上で、債権者が目的物を処分します。

文例　譲渡担保権の実行通知書

譲渡担保実行通知書

当社と貴社との間の平成○○年○月○日付譲渡担保契約に基づき、次の通り通知致します。

1　当社は、貴社において本件契約第○条第○号の期限の利益喪失に該当する事実が生じたことを確認しております。従って、貴社は当社に対する全債務につき期限の利益を喪失されましたので、当社に対する本日現在の全債務金○○○万円を本通知到達後7日以内に当社宛お支払い下さい。

2　もし、貴社につき右期間内にお支払いなきときは、下記表示の譲渡担保物件を当社にご返却頂いた上、当社にて任意の方法により処分し、貴社の債務の弁済に充当させて頂きますので、予めご通知申し上げます。

記

譲渡担保物件の表示　　○○社製○○製造用機械○○○○　15台

平成○年○月○○日
東京都○○区○○1丁目1番1号
○○○○株式会社
代表取締役　甲野太郎　印

東京都○○区○○2丁目2番2号
○○株式会社
代表取締役　乙野花子

ワンポイントアドバイス

①譲渡担保とは、目的物の所有権を債権者に移転させる型の担保形式です。

②実行の通知には、被担保債権、担保目的物、実行の事実などを記載します。なお、譲渡担保の目的物の価額が担保されている債権額を上回る場合には、債権者はその差額分を清算金として債務者に支払わなければなりません。

19 譲渡担保実行による清算金の通知をする

債権者は清算金を支払う義務を負う

■ 帰属清算型と処分清算型がある

譲渡担保権の実行方法は、大きく分けて「帰属清算型」と「処分清算型」の2通りあります。

① 帰属清算型

これは、譲渡担保の目的物を債権者が確定的に自分の所有物とする方法です。債権者にとっては担保目的物そのものを取得したことで債権の返済を受けたのと同じ効果を得ることになります。

② 処分清算型

債権者（＝譲渡担保権者）が担保目的物を第三者に売却し、その売却代金から優先して自己の債権の回収を図ります。どちらの方式によるかは、譲渡担保権設定契約で任意に定めることができます。

■ 清算義務

清算義務とは、譲渡担保を実行したときに、担保物の価格と債務者が返済すべき金額との間に差額がある場合に、債権者がその差額を清算金として債務者に支払うべき義務をいいます。債務者にとって不公平にならないようにするためです。

書面では、弁済期日に貸金の返済がなかったので、譲渡担保権を実行した旨を述べます。実行の結果、目的物は換価処分（不動産などを売却して金銭に換える処分のこと）され、清算金が発生することになります。その具体的額を計算して相手に知らせます。

文例 譲渡担保実行による清算金支払いについての通知書

譲渡担保清算通知書

私は平成○年7月1日、下記約定にて貴殿に金2500万円を貸し付けると共に、下記物件に譲渡担保権を設定し所有権移転登記を受けました。しかし返済期日を経過しても貴殿は債務を弁済していません。よって、約旨に基づき平成○年6月10日付で譲渡担保権を実行した結果、貴殿債務額(元本・利息・遅延損害金の合算)3380万4794円と担保目的物の価格3500万円との差額119万5206円が清算金となりましたので、右金員をお支払致します。

記

金銭消費貸借契約の内容
　元本　　2500万円
　返済期日　平成○年2月1日
　利息及び遅延損害金　年15％
担保物の明細
　所在　東京都○○区○○1丁目2番1号
　価額　3500万円
　地積　100㎡　地目　宅地

平成○年6月10日

　　　　東京都○○区○○1丁目2番1の5
　　　　　債権者・譲渡担保権者　金田照夫　印
東京都○○区○○1丁目2-5
　債務者・譲渡担保権設定者　物部宗二　殿

ワンポイントアドバイス

①目的物により担保される債権(被担保債権)に関する記載をします。通常は、金銭消費貸借による債権ですので、その成立に必要な事実を漏れなく記載します。

②また、土地が譲渡担保の目的物の場合には、貸主に登記が移転済みであることも指摘しておくべきです。

Column

債権が時効にかかることもある

　金銭債権を有している人は債務を負っている人に対して、「○○円を支払え」というように請求をすることができます。しかし、債権を有していたとしても、債務者に請求することもなく時間が経過してしまうと、その債権は消滅してしまいます。この一定期間の経過により債権が消滅してしまうことを消滅時効といいます。

　債権を時効により消滅させないようにするには、債務者に対して請求を行ったり、債務者に債務の存在を承認してもらうことが必要です。これを時効の中断といいます。時効の中断がされれば、時効の中断がされた時点から新たに消滅時効期間が開始します。

　たとえば、5年を経過すれば時効により消滅する債権について、債権が発生してから3年後に時効の中断がされたとします。時効の中断があった時点から新たに消滅時効期間が計算されるので、この場合は、時効の中断の時点から5年、債権が発生した時点から8年は消滅時効は成立しません。

　また、時効の中断は何度でもできるので、債務者に対して請求を行い続けていれば債権が時効によって消滅することはありません。

　どのくらいの期間の経過により消滅時効が完成するかは、債権の種類によって異なります。一般の債権では10年ですが、商取引の場合は5年です。また、約束手形を振り出した者に対する手形上の権利は3年になります。

　なお、内容証明郵便を送付するだけでは、債権の消滅時効は中断しません。ただし、内容証明郵便の送付によって、6か月間は時効の完成を遅らせることができますので、その間に訴訟を起こすなどのより強力な手続きを行う必要があります。

第5章

知的財産権侵害

1 特許権を侵害している会社に商品の販売中止などを請求する

「ついうっかり」ではすまされない問題になる

■ 特許権を侵害した場合

特許権者が、特許権侵害を見つけたときには、以下のような手段を検討するとよいでしょう。

① **不当利得・損害賠償の請求**

勝手に特許になった発明を利用した製品を製造・販売されると、侵害者は不当な利益を得るだけでなく、特許権者が損害を被ることも考えられます。特許権者が正当に商品化しても、売上が伸びなかったり、信用を失うこともあります。特許権者は、この不当な利益の返還請求や、特許権者が受けた損害の賠償請求や謝罪広告の掲載を求めることができます。

② **製造や販売の中止を求める**

①のように損害を賠償させることができるとしても、特許を侵害されて、それをやめさせることができなければ、損害がますます大きくなることもあります。ですから、特許権者には、侵害者に対して、差止めを請求することが認められています。

③ **刑事告発・告訴をする**

特許法は、特許権侵害に対し、1000万円以下（法人は3億円）の罰金、10年以下の懲役などの重い刑事罰も予定しています。特許権を侵害する行為とみなされる行為を行った者に対しても罰則を課しています。刑事罰ですから、特許権者が直接行使できませんが、刑事告発・告訴をして、処罰を求めることが考えられます。

文例 特許権を侵害している会社に商品の販売中止を求める差止請求書

差止請求書

　平成○年○月以降、貴社が販売しております工作機械「○-○○」（通称「○○○」）は当社が特許権を保有する下記の技術を使用しており、貴社の行為は当社の特許権を侵害していると判断されます。
　従いまして、当社は、貴社に対して当該製品の製造及び販売の中止、既出荷分の回収をはじめとする、特許権侵害の状態を解消するための措置を講じられるように請求するものであります。
　なお、本件において発生した損害に関しては、当社での調査完了後、後日、賠償請求させて頂きます。
（特許権の表示）
特許番号　○○○○○3号

　　平成○年○月○日
　　　　東京都品川区○○1丁目2番3号
　　　　請求者　　株式会社山本機械
　　　　　　　　　代表取締役　山本次郎　印

東京都台東区○○2丁目3番4号
被請求者　　ムラタ株式会社
代表取締役　村田次郎　殿

ワンポイントアドバイス

①文例では、特許権侵害が発覚したので、とりあえず製造・販売の差止めと回収を請求しています。発生した損害の確定には時間がかかるため、現段階では差止請求だけをしておいて、賠償請求は後日行います。

②特許権の表示は、特許権番号によって行います。

② 実用新案権を侵害している会社に侵害行為を中止するよう警告する

> 小発明を保護するための制度である

■ 実用新案権の特徴

　実用新案は、特許で保護するほどではない「小発明」を保護するものです。つまり、技術的に高度な発明は特許で、高度ではない「小発明」は実用新案で保護するという形で特許制度を補う役割を果たしながら、知的財産権保護制度の片輪を担ってきたということができます。

　なお、国によっては米国のように実用新案制度がない国もあります。実用新案権には以下のような特徴があります。

① 　出願日から６か月以内で登録
② 　審査の簡略化（無審査主義）
　方式的な要件と基礎的な要件を満たせば登録されます。
③ 　存続期間は出願日から10年

■ 権利としての実用新案権

　実用新案権は、著作権のように手続をしなくても権利が発生する無方式主義ではないので、登録しなければそもそも権利として主張できません。ただし、権利となれば、それを売買したり、実施権を与えることもできます。万が一侵害された場合には、特許と同じように、民事上、刑事上の保護が保障され、その優位性は変わりません。

　つまり、実用新案権も他の知的財産権と同様に、当該実用新案登録を受けた技術を無断で使用している者に対して、使用中止や損害賠償を求めることが可能です。

文例　実用新案権を侵害している会社に侵害行為の中止を求める請求書

差止請求書

　平成○年4月1日、貴社が販売を開始した玩具「いくらっち」は、当社が保有している後記実用新案権の保護が及ぶ技術を用いていると思料します。
　別送にて「実用新案技術評価書」を送付して、貴社は、当社の同権利を侵害していることを警告すると同時に、貴社に対して、直ちに上記商品の製造販売の中止、既出荷分の回収、その他、実用新案権の侵害状態を完全に除去するようしかるべき措置を講ずることを求めます。

　なお、右権利侵害による損害額については調査中ですが、調査完了次第、別途損害賠償請求を致しますので、予め申し伝えます。
（実用新案権の表示）
実用新案登録第987654号

平成○年7月1日
　　　東京都○○区○○1丁目2番3号
　　　請求者　　株式会社バンザイ
　　　　　　　　代表取締役　甲野一郎　印
東京都○○区○○2丁目3番4号
被請求者　　株式会社クリエイティブ
代表取締役　乙川二郎　殿

ワンポイントアドバイス

①文例は、これに基づき、製造販売の中止等を請求し、あわせて損害賠償請求をする旨を通知するものです。
②まず、文例のように「実用新案登録第○号」と表示して、どの実用新案権に基づいて請求しているのかを特定します。

第5章　知的財産権侵害

195

3 実用新案権侵害についての警告書に対して回答する

弁護士や弁理士に相談することが大切

■ 調査をした上で回答する

　文例は、実用新案権を侵害しているとして、製品の販売中止等を求められた企業からの回答書です。回答内容は、技術評価書等を検討した結果、侵害行為はないとしています。内容証明郵便による回答書は、結論のみまたは理由の骨子程度の記載でかまいませんが、ずさんな調査で回答すると、かえって紛争を複雑にするので、慎重な調査を要します。弁護士、弁理士等とも協議の上で回答を発するべきでしょう。

　なお、実用新案権侵害についての差止書に対して回答する場合の回答は参考文例の通りです（参考文例を参照）。

〈参考〉実用新案権侵害についての差止書に対して回答する場合の文書 …

　　　　　　　　　　　　　　回答書
　去る平成〇〇年〇月〇日付で貴社より送付された「差止請求書」に対して、以下のように回答致します。
　上記書面にて貴社は、当社が製造販売する商品「〇〇〇」が、貴社が保有する登録実用新案の技術的範囲に属すると主張し、その製造及び販売の中止を主張されました。しかし、貴社より別送された「実用新案技術評価書」を検討し、当社独自の調査も行った結果、当社の「〇〇」は上記技術的範囲には属していないと判断するに至りました。
　よって、貴社の主張は根拠を欠くものであり、差止請求には応じられませんので、ここに通知させて頂きます。

平成〇年〇月〇日

　　　　　　　　　　　　　　　　　　　　東京都〇〇区〇〇1丁目2番3号
　　　　　　　　　　　　　　　　　　　　株式会社エフ
　　　　　　　　　　　　　　　　　　　　　代表取締役　江田一郎　印

東京都〇〇区〇〇2丁目3番4号
株式会社エイトス
　代表取締役　永田正夫　殿

文例　実用新案権を侵害していないことを伝える回答書

回答書

　平成○年7月1日付「差止請求書」に対して、回答致します。
　貴社は当社製品「いくらっち」が、貴社保有の登録実用新案の技術的範囲に属すると主張されますが、別送された「実用新案技術評価書」を精査し、当社も独自に調査確認を行いました結果、右技術範囲には明らかに属していないと判断するに至りました。
　よって、貴社の実用新案権を侵害している事実はないため、貴社の差止請求には応じられませんので、ご了承下さい。

　平成○年7月25日

　　　東京都○○区○○2丁目3番4号
　　　請求者　　株式会社クリエイティブ
　　　　　　　　代表取締役　乙川二郎　　印

　東京都○○区○○1丁目2番3号
　被請求者　　株式会社バンザイ
　代表取締役　甲野一郎　　殿

ワンポイントアドバイス

①実用新案で保護されている技術の内容を示す公式文書として「実用新案技術評価書」がありますが、本文例はすでに同文書の送付を受けていた場合のものです。

②回答に時間を要することもあるので、紛争の拡大を予防するためには、まず「現在調査中」等の返信をしておくことも一つの方法でしょう。

④ 商号の使用中止を請求する

> 商号の不正使用には罰則も定められている

■ 不正使用は法律で処罰されている

　個人であるか会社であるかを問わず、商号は商取引の主体を表現するものです。一般人にとっては、他の取引主体との誤認・混同を防ぐために重要な役割を担っており、商法や会社法で保護されています。

　商人（たとえば会社）は、他人の商号と誤認されるおそれがなければ、自由に商号を選定することができます。会社の場合にはその商号中に、必ず株式会社・合名会社などの、会社の種類を示す文字を用いなければなりません。逆に会社でない者は、商号中に会社であることを示す文字を用いてはならないこととされています。

　株式会社を設立する場合、商号は登記事項とされています。

■ 不正利用に対する対応策

　もし、他の商人が自分が用いている商号ときわめて類似する商号を用いている場合には、そのような誤認されるおそれのある商号を使用する者に対して、その使用を止めるように請求することができます。それによって、損害が生じている場合は、その賠償を請求できます。

　また、商号の不正利用を防止することを目的とした法律に不正競争防止法があります。不正競争とは、たとえば、需要者の間に広く認識されている他人の商品等表示と同一または類似の商品等表示を使用し、他人の商品又は営業と混同を生じさせる行為です。

　このような行為を行った者には、5年以下の懲役もしくは500万円以下の罰金といった罰則も科せられます。

文例 商号の使用中止を請求する通告書

通告書

　当社は、平成○年○月○日付で「イロハ生花」なる商号を登記し、東京都○○区において生花販売業を営んでおります。
　しかるに貴殿は、同じく東京都○○区において、「イムハ生花」なる商号を用いて生花販売業を営み、しかも看板の色使いや店舗の飾りつけなども、当社ときわめて似かよった形で営業を続けておられます。貴殿の行為は、不正の目的による類似商号の使用といえますので、直ちに右商号の使用を中止されるよう請求致します。
　なお、本書面到達後1週間以内に、貴殿から誠意ある回答が得られない場合には、当社としましては、貴殿に対して商号使用差止め及び損害賠償請求訴訟を提起する所存でありますことを、念のため申し添えます。

　平成○年○月○日
　　　東京都○○区○○2丁目3番4号
　　　　イロハ生花株式会社
　　　　　　代表取締役　新田次郎　印

　東京都○○区○○1丁目2番3号
　　イムハ生花　田中次郎　殿

ワンポイントアドバイス

①不正の目的で類似商号を使用する者がいる場合は、その者に対し使用中止の請求ができます。文例は、この中止請求をする際の通告書です。
②回答期限を定めて、誠意ある回答がない場合は訴訟提起の意思がある旨を示すのが一般です。

⑤ 商号の使用中止請求に対して回答する

反論がある場合には堂々と回答する

■ 誤認されるおそれのある商号かどうか

　この文例は、前の文例のような商号の使用の中止を求められた場合に、それに回答するときのものです。
　２つの商号が類似しており、他の会社との誤認が生じるかどうかの判別は、結局は、取引上、世間の人に、混同・誤認を生じさせるおそれがあるかどうかを標準として、具体的に判断するしかありません。
　実際の判例では、「東京瓦斯（ガス）株式会社」の移転計画がある区域内で、能力もなく準備もしていないにもかかわらず別会社が商号変更により同様の名称にしようとしたのを認めなかった事例があります。
　商号を使用しているものは、不正の目的で他の会社（商人）であると誤認されるおそれのある名称や商号を使用している者に対して、その使用の差止めを請求することができ、別に損害があれば、その賠償も請求することができます。
　ここで商号の使用差止めというのは、普通は、将来における一切の使用を排除することですが、同一または類似とされた商号がすでに登記されているものであれば、その商号登記の抹消も請求することができます。
　なお、同一の商号を同一の住所に登記することは、商業登記法上認められていません。
　いずれにしても、類似商号かどうかという問題は、なかなか判断が難しいため、早めに弁護士などに相談するのもよいでしょう。

文例　商号の使用中止請求に応じられないことを伝える回答書

回答書

　貴社から、平成○年○月○日付の通告書を受領致しましたのでご回答申し上げます。
　それによりますと、貴社の商号である「イロハ生花」と当方が使用する商号である「イムハ生花」とが類似しているとのご主張ですが、この「イムハ生花」なる商号は、呼称上「イロハ生花」という商号とは明らかに異なっており、また、一般人においても両者の営業を誤認・混同する恐れはないものと思料します。
　従いまして、貴社の主張には理由がないと思われますので、当方としては、貴社のご請求に応じることはできません。
　以上、ご理解下さいますよう、宜しくお願い申し上げます。

平成○年○月○日

　　　東京都○○区○○2丁目3番4号
　　　　　　イムハ生花　田中次郎　印

東京都○○区○○2丁目3番4号
イロハ生花株式会社
代表取締役　新田次郎　殿

ワンポイントアドバイス

① 本文例は、前の文例のような商号の使用中止請求を受けた場合に、それに対して回答するときの書面です。
② もし、検討の結果、類似していないとの判断に至った場合は、その根拠を具体的にあげながら、誠意をもって回答をする必要があります。

6 商標権を侵害している者に対して商品の販売中止を要求する

内容証明郵便を送り、速やかな対応を求める

■ 商標を勝手に使用されたら

　許諾なく他人が商標を使用した場合、いくつかの手段によって対処することができます。まず内容証明郵便などにより、穏当に使用の差止めなどを求め、それでも侵害行為が続くようなら、訴訟を提起するなどの法的措置をとりましょう。民事上の手続としては、差止請求、金銭の請求、信用回復措置の請求ができます。

　登録商標の侵害に対しては、商標の使用差止めと将来の予防を請求できます（差止請求）。商標登録されていなくても、不正競争防止法に基づいて差止請求をすることができる場合があります。

　また、許諾なき商標の使用により侵害者が利益を得、一方で商標権者に損害・損失が生じている場合には、金銭の支払いを請求することができます。根拠は、民法709条の不法行為に基づく損害賠償請求権、民法703条の不当利得返還請求権です。商標法では、侵害者の過失や損害額について推定規定があるため、立証する際の負担が軽くなっています。なお、商標登録されていない場合でも、不正競争防止法により損害賠償請求・不当利得返還請求ができる場合があります。

　さらに、他人に商標を使用されると、商標権者の社会的信用も害されます。そこで、商標権者は信用回復のために、謝罪文掲載などの信用回復措置を請求することもできます。

　この他、刑事告訴した場合、商標権侵害は、10年以下の懲役または1000万円以下の罰金（法人は3億円以下の罰金）となります。

文例 商標権を侵害している者への商品の販売中止を求める請求書

商標使用中止の請求書

　平成○年7月頃から、貴社は貴社商品の加工野菜の販売において、新たに「やまな」との商標を用いはじめました。しかし当社は後掲の商標権を有しており、当社の登録商標「山菜」と、貴社が使用する「やまな」は呼称において類似すると考えられ、かつ、貴社商品が当社の上記登録商標の指定商品に含まれると認められるので、貴社の右商標使用は、当社保有の商標権を侵害すると解せられます。

　よって、同商標権に基づき、直ちに上記商品の販売を中止するように請求します。

（商標権の表示）
商標登録番号　第987654号
商標名　　　　山菜
指定商品　　　第29類「加工野菜」

　平成○年9月10日
　　　　東京都○○区○○1丁目2番3号
　　　　株式会社　鶴亀貿易
　　　　　　　代表取締役　鶴亀一郎　印
　東京都○○区○○2丁目3番4号
　　　　株式会社松竹物産
　　　　代表取締役　松竹太郎　殿

ワンポイントアドバイス

①商標権を特定して表示するには、文例のように商標登録番号、指定商品（商標名、商品の区分）を掲げるのが一般的です。

②商標の類似性の判断は、きわめて複雑なものです。できるだけ弁護士、弁理士などの専門家に確認をした方がよいでしょう。

7 商標権侵害についての警告書に対して回答する

商標が類似しているかどうかの判断が重要になる

■ 商標の意味も考えて類似性を判断する

　すでに登録された商標と類似した商標を用いて商売を行った場合、既存の商標権の侵害となります。
　商標が類似しているかどうかは、商標が用いられている商品がどのようなものか、商標の呼び方・見た目・意味といった事柄を総合的に考慮して判断することになります。たとえば、「ヘロヘロォ」という名称の自動車があり、「ヘロヘロン」という名称の薬品があったとします。両者の文字の構成はかなり類似していますが、商品はまったく異なっているので、トータルして類似性はないと判断されます。しかし、「ヘロヘロオ」という名称のオートバイの場合には商品の類似性もあるので、トータルして類似性は肯定されてしまいます。つまり、商標同士の見た目や呼び方が類似していない場合だけでなく、商標同士の意味が異なっている場合にも商標侵害は生じない可能性があります。より詳しく商標が類似しているかどうかを調査したい場合には、特許庁が発表している「商標審査基準」を参考にすることになります。

■ 商標権侵害に対しては法的責任が生じる

　商標権を侵害した者に対しては、損害賠償責任が課されます。この場合、商標侵害による損害額は、商標権を侵害した者が得た利益の額であると推定されます。つまり、商標を侵害した者は、商標を侵害することで稼いだ分のお金を被害者に支払うことになるのです。
　また、商標権の侵害に対して刑事罰が科されることもあります。

文例　商標権を侵害していないことを伝える回答書

　　　　　　　　　　回答書

　平成○年9月10日付貴社より送付された「商標使用中止請求書」に対して、次の通り回答します。

　貴社は右文書の中で、当社の「やまな」が貴社登録商標と同一の指定商品であり、称呼が類似している旨を主張されておりましたが、特許庁発行『商標審査基準』等によれば、文字商標において、自然な称呼をフリガナとして付した場合には、不自然な称呼に商標権は生じないとされます。これを本件にあてはめると、貴社は「山菜」（さんさい）として商標登録しており、「やまな」は不自然な称呼にあたります。また、「やまな」が地名に基づく造語であることも考慮すると、非類似と考えられます。

　よって当社は貴社商標を侵害していないので、使用中止の請求には応じられない旨回答致します。

　平成○年10月1日
　　　東京都○○区○○2丁目3番4号
　　　　　株式会社松竹物産
　　　　　　　代表取締役　松竹太郎　印
東京都○○区○○1丁目2番3号
　　株式会社鶴亀貿易
　　代表取締役　鶴亀一郎　殿

ワンポイントアドバイス

①文例は、この商標権侵害を警告された者が、両商標は非類似なので権利侵害にあたらないと回答する場合のものです。

②文例は、商標審査基準の内容に基づいて、相手方の主張する商標の類似性がないとの理由で商標権侵害にあたらないと反論しています。

8 著作権を侵害している者に対して謝罪文を掲載するよう請求する

侵害行為は著作権法で定められている

■ 著作権侵害には直接侵害と擬制侵害がある

著作権法は著作物を対象とする著作権を認め、それを法的に保護しています。著作権法では、具体的に以下のような場合に、著作権の侵害に該当するとしています。

① 直接侵害

直接著作権などを侵害する行為として、次のものを挙げています。

a 正当な理由なく、著作権者に無許諾で著作物を利用する行為
b 著作者に無許諾で著作物を公表する行為
c 出版権者以外の者による無断出版行為
d 著作隣接権者に無許諾で実演などをする行為

② 擬制侵害

著作権法は直接侵害以外に次の行為を侵害行為とみなしています。

a 国内で頒布する目的で、輸入時に国内で作成されていれば著作権侵害となる行為によって作成された物を輸入する行為
b 著作権侵害行為によって作成された物であることを知りながらこれを頒布、あるいは頒布目的で所持する行為
c プログラムの違法コピーを業務上コンピュータで使用する行為
d 著作物の権利管理情報にわざと情報をつけ加える行為、あるいはわざと改変・除去する行為。また、これらの行為によるコピーであることを知りながら頒布、頒布目的での輸入、所持、公衆送信、送信可能化する行為
e 著作者の名誉を傷つける方法により、その著作物を利用する行為

文例 著作権を侵害している者に対して謝罪文の掲載を求める請求書

著作権侵害警告及び謝罪文掲載請求書

貴殿が平成〇〇年〇月〇日発刊の月刊誌「〇〇〇〇」に掲載した小説「〇〇〇」の〇〇から〇〇の部分は、当方が「〇〇〇〇」ですでに発表済みの小説「〇〇」と同一の内容及び表現をとっており、当方の著作権を侵害するものであります。

従いまして、当方としては、今後、貴殿が小説「〇〇〇〇」を公刊及び発表することと、次回発刊される月刊誌「〇〇〇〇〇」にて、本件著作権侵害の事実及び謝罪を掲載することを請求致します。

平成〇年〇月〇日

東京都〇〇市〇〇町1丁目2番3号
河竹次郎 印

東京都〇〇区〇〇2丁目3番4号
矢田一郎 殿

ワンポイントアドバイス

①著作権侵害を警告する場合には、どの部分が侵害対象となっているのかを明確に指摘します。
②謝罪広告の掲載は、通常、侵害作品を公表したものと同一の媒体を用います。

⑨ 著作権侵害についての警告書に対して回答する

著作権侵害とはならないパターンを押さえる

■ 無断で著作物を利用できるケースもある

　著作権者の承諾なく、その著作物を他者が利用することは許されません。もし著作権者に無断で著作物を利用した場合には、差止請求や損害賠償請求を受けることになります。

　ただし、著作権者の承諾なく著作物を利用できる場合があります。

　たとえば、著作物を個人的に利用したとしても、著作権の侵害にはなりません。著作物をコピー（たとえば、テレビドラマを録画すること）しても、それが個人的にあるいは家庭内で楽しむためのものであれば、著作権を侵害することにはなりません。

　また、福祉・教育目的で著作物を利用したとしても、著作権の侵害にはなりません。公表された著作物を点訳（点字に訳すこと）したり、字幕表記したりすることは、一定の条件のもとで、著作権者の承諾なくできます。学校で使用する教科書に著作物を掲載したり、試験問題で使用したりする場合も、原則として許容されています。

■ マネをしなければ著作権侵害とはならない

　すでにある作品と同じものを作ったら原則として著作権侵害となりますが、他人の作品のマネをしたわけではなく、たまたま同じものができてしまった場合には著作権侵害にはなりません。たとえば、小説家のAさんとBさんがたまたま同じストーリーの小説を書いたとしても、お互いの作品を模倣していなければ著作権侵害には該当しません。

文例　著作権を侵害していないことを伝える回答書

回答書

　貴殿より送付された「著作権侵害警告及び謝罪文掲載請求書」に回答します。
　貴殿は内容が酷似しているとの理由で直ちに貴殿の著作物を複製したと主張しておりますが、貴殿の著作物が『詳解会社法』に掲載、公表された時期、当社の『月刊びじねす』掲載の表の作成の経緯を精査すると、当社が貴殿の著作物に接する機会が存在し得ません。著作権法上、同一内容の著作物が存在しても、既存の著作物に依拠して模倣等をした事実がなければ、著作権を侵害したとは言えません。当社が貴殿の著作物に依拠していない以上、著作権侵害とはなりません。
　よって、貴殿の請求には応じられない旨を右の理由を添えて回答致します。

平成○年８月１７日

　　　　東京都○○区○○１丁目２番３号
　　　　株式会社びじねす出版
　　　　　　代表取締役　乙川一郎　印

○○県○○市○○町１丁目２番３号
甲野太郎　殿

ワンポイントアドバイス

①文例は、著作権侵害を指摘され、謝罪文掲載を請求された者が、著作権侵害の事実を否定する回答書です。

②ポイントは著作権侵害がないことを明記することです。文例の理由の他、類似性がない、著作権法の認める複製や引用であったなどの回答が考えられます。

10 キャラクター権の侵害者に商品の製造販売の中止を警告する

キャラクターの絵を複製する場合や翻案する場合に問題となる

■ キャラクターは著作権法上保護されるのか

　漫画は著作物として保護されます。

　では、キャラクターも著作物と言えるのでしょうか。著作物と認められるためには、思想や感情を創作的に表現されていなければなりません。しかし、キャラクターは、漫画という表現から現れた登場人物の人格ともいうべき抽象的な概念にすぎず、キャラクター自体は、思想や感情が創作的に表現されたものではありません。このため、キャラクターは著作物ではない、とされています。

　ただ、漫画の場合、文章からなる小説などとは異なって、美術の著作物としての性質も有しています。このため、表現されている漫画のキャラクターの絵自体は、美術の著作物として著作権法の保護を受ける場合があります。

　したがって、漫画のキャラクターの絵をもとに製品化する場合には、その漫画について権利を有する著作権者などの許諾を得るようにして、著作権侵害をしないように注意する必要があります。製品化する場合に問題となりやすいのは、そのキャラクターの絵を複製する場合や翻案する場合などです。

　また、キャラクターを通して商品に対する社会的な信頼が生じるため、商標法、不正競争防止法、著作権法などの法律によって保護が与えられることもあります。

文例　キャラクター権の侵害者に商品の製造販売の中止を求める請求書

販売中止請求書

　平成○年○月以降、貴社が製造販売している製菓「○○」のパッケージで使用されているキャラクターは、当社が製造販売している「○○○」の商品キャラクターと酷似しております。当該キャラクターに関しては、作者である当社に、法令及び判例上認められている諸権利が帰属しております。
　従いまして、可及的速やかに前記商品の製造販売を中止されるよう請求致します。
　なお、本権利侵害によって当社が被った損害につきましては、調査の後、後日あらためて賠償を請求致します。

平成○年○月○日

　　　　東京都○○市○○1丁目2番3号
　　　　株式会社オータム
　　　　　　代表取締役　津村一郎　印

東京都○○区○○2丁目3番4号
株式会社エイトス
代表取締役　永田正夫　殿

ワンポイントアドバイス

①商品で使用されているキャラクターだけでなく、漫画やアニメのキャラクターなどが模倣されるケースもあります。
②キャラクターの模倣に関しては、それを用いた商品の製造販売の中止、市場からの回収、そして、損害賠償請求が考えられます。

11 広告への社名掲載の中止を請求するとき

取引相手の公表は会社の信頼に関わる

■ 広告中止の要求は慎重に行う

　会社にとっては、どのような相手と取引をしているかというのは重要な事柄です。たとえば、暴力団などの反社会的勢力とつながりがあると世間に認識されてしまうと、会社の信用が失われてしまいます。そのため、どのような相手と取引を行っているか、また、どのような相手と取引しているかを世間に公表するかは、社会の企業に対する信頼に関わる事柄であるといえます。

　しかし、法律的に、会社の取引実績の公表が禁止されているわけではありません。そのため、法的に何らかの手段を用いて取引実績の公表を止めさせることはできません。会社の取引実績の公表中止の要求は、法的な権利に裏付けられた主張ではなく、「お願い」という形で行います。

　また、そもそも、どこからが「取引」に該当するかも人によって考え方が分かれます。実際に契約を締結することが「取引」だと考える人もいますし、何回か打ち合わせをすることで「取引」があったと考える人もいます。そのため、闇雲に取引実績の公表中止を求めたとしても、認識の食い違いから、「あなたの会社と取引があったことは事実です」と反論されてしまう可能性があります。

　このようなことを考慮すると、相手の会社と取引があると社会に認識されることが明確に自社にとって不利益となり、明確に相手の会社と関わったことがないといえる場合にのみ、取引実績の広告の中止を求めるべきでしょう。

文例　自社の社名を広告に掲載することの中止を求める通知書

通知書

当社は、貴社がホームページや新聞広告などにおいて当社との取引実績を掲載していることを確認致しました。

しかし、調査の結果、当社と貴社が正式に取引を行った事実はなく、わずかに数年前、貴社の営業担当者が当社の販売部に営業活動に来訪された事実のみであることが判明しております。つきましては、明らかに事実と異なる掲載を即刻取りやめ、今後一切当社名を貴社の宣伝活動に使用しないよう、請求致します。

以上のことご了承下さいますようお願い致します。

平成〇年10月5日

東京都〇〇区〇〇4-9-18
株式会社多摩開発
代表取締役　山田雅樹　印

〇〇県〇〇市〇〇12-7-205
合同会社AB通信
代表取締役　木村栄治　殿

ワンポイントアドバイス

①具体的に損害が出ている場合は、損害賠償を請求することも考えられます。
②実際にはそこまで悪質でないことも多く、掲載中止を要求する文書も「お願い」という形を取ることが多いようです。

12 コンピュータソフトを違法コピーしている会社に対して警告する

コンピュータソフトのプログラムは著作権法等により保護されている

■ ソフトウェアのコピーについて

　ソフトウェアは購入しても「利用すること」を許可してもらっているだけですから、著作権法や使用許諾契約によって守られている著作権者の権利を侵害しないようにしなければなりません。

　使用許諾証明書でコピーしてもよい場合や、コピーしてもよい数量などが指定されていれば、その範囲でコピーすることは、もちろん認められます。ですから、契約書の内容を十分に確認することが必要でしょう。また、利用するのに必要な範囲のコピーも認められます。なお、私的使用目的である場合、承諾がなくてもコピーできますが、その範囲は限定されています。企業内でのコピーは私的使用目的ではないとする判例があります。

　使用許諾契約に従っている場合や私的使用目的の場合を除いて、ソフトウェアをコピーすることは、著作権法上許されません。コンピュータソフトのプログラムは、著作権法等により保護されているので、それを著作権者の承諾を得ることなく勝手に使用した場合は不法行為となります。

　これを行うと、著作権の侵害となり、損害賠償の請求を受ける可能性があるだけでなく、多額な罰金や懲役刑を科せられることもあります。

　なお、違法コピーだったと知った後に、さらに利用のためにコピーをしたり、インストールすることは著作権侵害となるため、注意しなければなりません。

文例　コンピュータソフトを違法コピーしている会社に対する警告書

警告書

平成○年○月○日頃、貴社は自社商品として○○ソフトの販売を開始されました。しかし、上記ソフトのプログラムは、当社が開発、製作したものであり、著作物としても保護されているものです。当社は貴社に対して上記プログラムの使用を許諾したことはありません。

つきましては、直ちに上記ソフトの複製、販売を中止すると共に、すでに販売したソフトを回収の上廃棄し、また、上記ソフトの複製に供した機械等につきましても廃棄されるよう請求致します。

なお、直ちに上記要求を受け入れて頂けない場合は、刑事告発も辞さない考えでいること、また、損害賠償請求についても、現在検討中でありますことを申し添えます。

平成○年○月○日
　　東京都○○区○○5丁目6番7号
　　　　株式会社石井産業
　　　　　　代表取締役　石井一郎　印
○○県○○市○○町8丁目9番10号
　　株式会社高山システム
　　代表取締役　浜口三郎　殿

ワンポイントアドバイス

①著作権者は、侵害者に対して使用の差止めや損害賠償を請求することができます。
②侵害者は、行為の違法性に対する認識が低いことが考えられるので、刑事告発も視野に入れていることを申し添えて警告するのが効果的でしょう。

Column

著作権法の改正

　違法なコンテンツであることを知りながら、動画や音楽をインターネット上からダウンロードをすることに刑事罰を科すことなどを内容とした改正著作権法が平成24年6月20日に成立し、10月1日から施行される予定です。そこで、今回の著作権法改正ではどのような点が見直されたのかについて見ていきます。

　今回の著作権法改正で最も注目された事柄は、インターネット上に違法にアップロードされた動画や音楽を、違法なものだと知りながらダウンロードする行為に刑事罰が科されると規定された点です。今までも、違法にアップロードされた動画や音楽を、違法であると知りながらダウンロードするという行為は、差止や損害賠償の対象となると規定されていましたが、刑事罰の対象とはなっていませんでした。そこで、規制を強化するために、違法なダウンロードも刑事罰の対象となるように著作権法が改正されました。

　また、一定の場合に著作権侵害にはならないとする規定が盛り込まれています。たとえば、写真を撮った際に偶然に他人の著作物が写り込んでしまったとしても、著作権侵害にはならないことが明記されました。さらに、キャラクター商品を開発しようとする過程で、著作物を企画書等に掲載することも著作権侵害にはならないと規定されました。

　2010年にも著作権法の改正がされており、違法にアップロードされた音楽などをダウンロードした場合には、内容証明郵便により損害賠償請求がなされる可能性がありました。2012年の著作権法改正により、違法なダウンロードに対しては、損害賠償責任に加えて刑事責任の対象にもなると規定されます。

第6章

不動産売買・賃貸

1 農地法上の許可手続を催告する

農業委員会の許可が必要になる

■ 登記の移転のために農地法上の許可を得る

　売買契約は、当事者が合意をすればそれで契約が成立し、売主には買主に対して売買の目的となった物を引き渡す義務が生じます。不動産の売買契約を締結した場合でも、当事者が契約をした時点で契約は成立し、売主は買主に土地を引き渡したり登記を移転したりする必要があります。

　しかし、農地の売買については、農地法で特別な規制がなされており、当事者の合意だけでは土地の登記を移転させることができません。農地法は、耕作者の地位の安定、農業生産力の増進を目的として、農地所有権の移転や利用権の設定について制限を加えています。具体的には、農地の登記を移転するには、農業委員会などの許可が必要となります。売買契約を締結した不動産が農地の場合、法務局に登記申請をする時点で、農業委員会などの許可があったことを証明する書面を添付することが要求されます。

　そのため、売買契約によって農地を買ったとしても、農地の売買について農業委員会などの許可をもらうことができなければ、買主は農地を自分のものにすることができません。もし、何らかの事情で農業委員会の許可をもらうことができないようなら、買主は農地の売買契約を解除したり、売主に対して損害賠償請求をすることなどを検討することになります。

文 例　農地法の許可手続を催告する通知書

通知書

当社は、平成○年6月10日、貴殿から下記の農地を100万円で買い受ける契約を締結し、その際に内金として金30万円を支払いました。かかる農地の売買に関しては、農地法3条により、知事の許可が必要となり、その許可がなければ、貴殿との売買契約も効力を生じません。しかし、貴殿は上記申請に関し必要な書類を受け取っているにもかかわらず、許可申請をしようとしません。このままでは、当社が本件農地の所有権を取得できる時期も確定不能です。従いまして、貴殿には、本書面到達後10日以内に、許可申請手続を完了されることを請求します。万一、その期間内に申請手続なき場合は、本件契約を解除致します。その際には、支払済の金30万円も、返還して頂くことになります。

記

所在　○○県○○市○○町字3の1
地積　100㎡

平成○年9月10日
　　　○○県○○市○○町大字2の35
　　　株式会社○○○○
　　　　　　代表取締役　盛土良彦　印

○○県○○市○○町3丁目25番
徳下大三　殿

ワンポイントアドバイス

①農地についての売買契約の成立自体は、その日時を含めて必ず記載します。このとき、売買契約の目的たる農地の所在等も忘れずに記載します。
②そして、自らは許可申請についての準備が整っており、許可を取得できないのは、相手方が許可申請に協力しないからであることを明確に指摘します。

② 権利の瑕疵による解除をする

欠陥によって当初の目的を達成できない場合に契約を解除できる

■ 物理的な欠陥もあれば、法律上の欠陥もある

　本件は、売買契約の目的である土地に権利の瑕疵があった場合に、契約を解除するための通知です。瑕疵の内容としては、目的物の所有権を完全に行使できない事由（地上権の存在という瑕疵）を記載します。このとき、自分は契約締結時に、そのような瑕疵の存在を知らなかったことも忘れずに述べるようにしましょう。

　なお、土地上に買主に対抗できる賃借権（借地権）が存在するため、買主がその目的（建物の所有）を達成することができない場合にも契約を解除することができます（参考文例参照）。

〈参考〉賃借権の存在を理由に土地売買契約を解除する通知 ………………

売買契約解除の通知

　平成○年○月○日、当社は貴社より下記土地について建物所有を目的として買い取る売買契約を締結しました。しかし、当該土地には、○○○○氏の賃借権が設定されており、それは当社に対しても以後１０年間は対抗しうる内容のものでした。売買契約締結時に、貴殿は、賃借権は即座に消滅する旨の説明をされていましたが、実際には異なっていることが判明しました。よって、契約当初の目的が達成できないこととなったため、本売買契約を解除させて頂きます。

（土地の表示）
　所在　東京都○○区○○３丁目
　地番　○番○　　地目　○○○　　地積　○○．○㎡

平成○年○月○日

　　　　　　　　　　　　　　　　　　東京都○○区○○２丁目３番４号
　　　　　　　　　　　　　　　　　　株式会社○○○○
　　　　　　　　　　　　　　　　　　　　代表取締役　小林一郎　印

東京都○○区○○１丁目２番３号
株式会社○○○○
　代表取締役　坂本次郎　殿

文例　権利の瑕疵による解除通知書

解除通知書

当社は、平成○年7月1日、代金1500万円で下記土地を譲り受ける契約を貴殿と締結し、7月10日に同地の引渡も受けました。しかし、同地には○○氏（○市△町2の2在）に対する地上権が設定されておりました。これは、民法566条の規定する売主の担保責任に該当するものです。当社は、同地の引渡を受けるまで、この事実を全く知りませんでした。また、○○氏の地上権があるため、同地に住宅を築造するという契約の目的は、事実上、不可能となりました。よって、民法566条1項に基づき、貴殿との売買契約を解除致します。つきましては、すでに支払済の売買代金全額の返還を請求致します。

記

　所在　○○県○○市○○町東20番の3
　地積　150㎡
　地目　宅地

平成○年7月15日
　　　○○県○○市○○町2丁目25号の1
　　　株式会社○○○○
　　　　　　代表取締役　富田由樹　印
○○県○○市○○町1丁目21番
　勝本琢郎　殿

ワンポイントアドバイス

①通知の前提として、相手方との売買契約の成立を具体的に指摘する必要があります。
②そして、その瑕疵によって、契約の目的が達成できない場合にだけ解除権が発生しますから、目的不達成となった点を指摘します。

③ 土地代金の支払いを請求する

解除にあたっては、まず催告することが必要

■ 所定の事実を記載して代金の支払を求める

買主が代金を支払わず、移転登記に必要な書類も受け取ろうとしない場合は、書面に a 売買契約締結の事実、b 目的不動産の表示、c 代金の支払いと交換に登記書類を交付する予定だった日時に、買主が現れず、代金の支払いがなかったこと、d 売主としては、契約を維持したいと考えていること、e そこで、再度、期日を決定し、その際に代金の支払いと交換に登記書類を交付する意思があることを記載して代金支払を請求します。代金を支払わない場合には契約を解除することになります（参考文例参照）。

〈参考〉土地代金を支払わない買主との売買契約を解除する通知 ……………

売買契約解除通知書

　平成○年４月１日、当社は貴殿との間で、所在・東京都○○区○○１丁目、地番・２番３、地目・宅地、地積１２３㎡の土地の売買契約を締結し、即時手付金として金３００万円を受領しました。引渡に関しては、同年同月１０日、残代金１７００万円のお支払いと同時に、東京法務局において所有権移転登記完了の予定となっておりましたが、貴殿は右期日に来られず、同日、内容証明郵便にて再度決済日を定める通知をしましたが、やはりお見えになりませんでした。
　つきましては、本書をもって、右の売買契約を解除するので、通知致します。

　平成○年５月７日

　　　　　　　　　　　　　　　　　　　東京都○○区○○３丁目１番１号
　　　　　　　　　　　　　　　　　　　株式会社○○○○
　　　　　　　　　　　　　　　　　　　　　代表取締役　甲山太郎　印

東京都○○区○○２丁目３４番５号
　乙川太郎　殿

文例　土地代金の支払請求書

代金請求書

　当社は、平成〇年5月10日、貴殿と下記土地を代金1200万円で売り渡す契約を締結致しました。その際、同年6月20日に、貴殿が代金全額をご持参されるのと交換に移転登記に必要な書類一式を交付する約定でありました。しかるに、同日、当社担当者が必要書類を準備の上、待機していたにも関わらず、貴殿は代金を持参されませんでした。そこで、日を改めまして、来る8月20日、貴殿に代金をご持参頂き、必要な書類一式との交換により、代金決済をしたく、ご連絡申し上げた次第です。当方は、是非とも本件土地売買契約を完了させるべく、準備しておりますので、8月20日には必ず代金をご持参頂くようお願い申し上げます。

記

（土地の表示については省略）

平成〇年7月10日
　　東京都〇〇区〇〇1丁目2番の5
　　売主　　株式会社〇〇〇〇
　　　　　　代表取締役　　盛田重蔵　㊞
東京都〇〇区〇〇1丁目2番201
買主　　香田義之　　殿

ワンポイントアドバイス

①文例は、土地の売買契約を締結された後、売主が移転登記に必要な書類を準備しているのに、買主が代金を支払おうとしない場合のものです。
②解除にあたっては、まず催告し、そこで定めた相当の期間をすでに経過したことがわかるように記載して、解除を通知します。

④ 売主の手付金倍返しにより売買契約を解除する

契約が成立した証として、買主側が売主側に対して一定額を支払う

■ 手付とは

　手付とは、不動産売買の契約が成立した証として、買主側が売主側に対して一定額を支払うことを言います。日常的な買物で手付金を支払うような場面はそう多くはありませんが、不動産売買の場合には、動く金額が大きいため、契約当事者の一方が簡単に解約をしてしまうことがないように、手付金を支払うのです。

　具体的には、売主側に対して手付金を支払った買主が、その売買契約を解約する場合には、その手付金を放棄します。一方、売主がその売買契約を解約する場合には、買主が交付した手付金の2倍に相当する金額を買主側に支払うことになります。

　このように、不動産売買の契約成立時に買主が支払う手付には、解約時の取り決めという意味合いがあることから、解約手付とも言われています。

　ただし、不動産売買の売主が宅建業者の場合には、手付金の金額の上限は売買代金の20％以内とされています。

　契約にしたがって契約行為の着手がなされた後には、解約することはできません。したがって、契約行為の着手後には、手付金による解約も行うことができません。たとえば、土地の売買契約を実行するにあたって、土地上にあった古い建物を取り壊し、更地での引渡しが条件だった場合に、その建物を実際に取り壊した場合などです。契約行為の着手後に契約を破棄する場合には、契約違反と同じ扱いとなり、契約の相手方は契約を解除できます。

文例　売買契約の解除通知書

売買契約解除通知

　貴殿と当社は、平成○○年○月○日、下記土地を代金○○○○万円で売買する旨の契約を締結し、当方はすでに解約手付として金○○○万円を受領しております。
　しかし、諸般の事情から当社が当該土地を居住用として使用すべき必要性が生じました。幸い、貴殿はまだ債務の履行に着手してはいないので、ここに上記手付金の倍額である金○○○万円を返還することにより、本売買契約を解除させて頂きますので、何卒、宜しくお願い申し上げます。

（土地の表示）
所在　東京都○○区○○1丁目
地番　○番○　　　地目　○○○
地積　○○．○㎡

　　平成○年○月○日

　　　　東京都○○区○○2丁目3番4号
　　　　通知人　株式会社○○○○
　　　　　　　　代表取締役　三田一郎　印

東京都○○区○○3丁目4番5号
被通知人　矢野一郎　殿

ワンポイントアドバイス

①相手方が債務の履行に着手するまでは、たとえ自分が着手していても、契約を解約することができます。
②この場合、解約の理由を記載する必要はありませんが、できれば概要程度は記載しておいたほうがよいでしょう。

⑤ 買主が売主に対して不動産を引き渡すよう催告する

> 売主は不動産を引き渡す義務を負っている

■ 引渡しと代金支払いは同時に行うのが原則になる

　不動産の売買契約を締結した場合には、買主には代金を支払う義務が生じ、売主には目的物を買主に引き渡す義務と登記を買主に移転する義務が生じます。

　原則としては、買主が代金に支払うことと、売主が買主に目的物を引渡したり登記を移転させたりすることは、同時に行われます。そのため、この事例では買主が売主に対して不動産を引き渡すよう催告していますが、そもそもこのような事態を生じさせないために、買主としては代金を支払うことと引き換えに不動産の引渡しを受けておくべきでした。そうすれば、不動産の売主としては、代金を受け取るためには不動産を買主に引き渡すしかなく、買主は確実に不動産の引渡しを受けることができたのです。

　とはいえ、代金を支払ってしまった後にも、売主がその不動産に居座っている場合には、売主に対して不動産の引渡しを求めていくことになります。

　売主は、土地を引き渡す義務を負っています。しかし、無理やり不動産に居座っている売主に退去してもらうのは容易ではありません。売主は自分が不動産を買主に引き渡す義務を負っていることをわかった上で、開き直って不動産に居座っていることがあるからです。内容証明郵便を送った後には訴訟を行うことも覚悟しておくべきでしょう。

文例　不動産引渡しの催告書

　　　　　　　　　物件引渡しの催告書

　平成○年○月○日、締結された下記土地を目的とする売買契約に基づき、当社は貴殿に対して代金○○○○万円を支払い、所有権移転登記もすでに完了しました。しかし、現在に至るまで、当該土地が当社に引き渡されておりません。
　従いまして、平成○○年○月○日までに引渡しをされるよう、何卒、お願い申し上げます。

（土地の表示）

所在	東京都清瀬市○○町○丁目
地番	○番○　　地目　○○○
地積	○○．○㎡

　　平成○年○月○日

　　　　東京都○○市○○町○丁目○番○号
　　　　通知人　株式会社○○○○
　　　　　　　代表取締役　戸田一郎　印

　東京都○○市○○町○丁目○番○号
　被通知人　内田三郎　殿

ワンポイントアドバイス

①買主としては、すでに、代金支払いが済んでいることを記載し、一定の期限を定めて引渡しの履行を催告します。
②引渡しがない場合には契約を解除する意思があれば、それを記載する例もあります。

⑥ 土地の面積が契約書の記載より少ないので代金減額請求をする

数量が足りなければ代金減額を請求できる

■ 数量指示売買に該当するかを見極めることが重要である

　数量指示売買により売買契約を締結した後に、契約書に記載されている目的物の数量に比べて実際の目的物の数量が少ないことが判明した場合には、買主は代金の減額を売主に請求することができます。

　数量指示売買というのは、「土地1㎡あたり代金○○円を支払う」というように、目的物の数量に応じて代金を決定する売買契約の方式のことをいいます。ただし、数量指示売買といえるためには、単価を決定し、それに総量を掛け合わせる形で代金が決定されていなければなりません。ただ単に、目的物を表示するために目的物の数量を契約書に記載してあるだけでは、数量指示売買にはなりません。つまり、目的物の数量と数量に応じた代金が売買契約において重要な要素となっていることが、数量指示売買の要件になります。

　減額される代金の額は、不足している目的物の量に応じて決まります。たとえば、「土地1㎡あたり10万円、土地は500㎡あるので代金の総額は5000万円である」として数量指示売買契約が締結されたとします。その後、実際の土地の面積は470㎡であることが判明した場合、10万円×（500㎡－470㎡）＝300万円の減額を買主は請求することができます。すでに代金を支払ってしまっている場合には、代金の返還を請求することになります。

文例　代金減額請求書

代金減額の請求書

平成〇〇年〇月〇日、当社は貴殿より、下記土地を1㎡あたり〇〇万円として、総面積〇〇㎡、総額〇〇〇〇万円にて買い取りました。

ところが、後日、当該土地を実測したところ、総面積が〇〇㎡であり、〇㎡だけ不足していたことが判明しました。

よって、不足分についてすでに支払われた代金〇〇万円を返還して頂くよう、宜しくお願い申し上げます。

（土地の表示）

所在	東京都〇〇区〇〇1丁目
地番	〇番〇　　地目　〇〇〇
地積	〇〇.〇㎡

平成〇年〇月〇日

東京都〇〇区〇〇1丁目2番3号
通知人　株式会社〇〇〇〇
　　　　代表取締役　伊藤高広　印

東京都〇〇区〇〇2丁目3番4号
被通知人　鈴木健一　殿

ワンポイントアドバイス

①書面上、単価と総面積、代金額、不足分、そして減額金額を記載します。
②逆に、数量が多すぎるケースで、売主が代金増額請求をすることは当然には認められていません。

7 売買契約を解除した後に買主に抹消登記手続を請求する

登記しておくべき原因がなくなったときに、登記を抹消する

■ 原状回復義務に基づいて所有権移転登記を抹消する

売買契約は、売主が目的物を引き渡し、買主が代金を支払うことを約するものです。

この義務を履行しなければ、債務不履行に基づく解除が可能で、これによって生じた損害の賠償を請求することも可能です。

この解除で、契約は最初からなかったものとなるので、当事者双方は目的物を契約前の状態に戻す義務（原状回復義務）が生じます。

文例は、代金未払という買主の債務不履行により売主が契約を解除したので、原状回復義務に基づいて所有権移転登記を抹消する手続のために通知するものです。

■ 抹消登記請求とは

登記簿にどのような目的で記録がなされたかによって分類することができます。

登記しておくべき原因がなくなったときに、登記を抹消することをいいます。契約の終了に伴って地上権や賃借権を抹消したり、債務を弁済（返済）することによって設定していた抵当権を抹消するなど、後から抹消する理由が発生した場合の他、登記原因が無効で、最初から登記がなかったものとして扱う場合に行います。

なお、抹消の対象となった登記自体は、記録されていたものが消されて空白になるわけではありません。登記簿上、抹消された部分に下線が引かれ、それが抹消されたものであることを示します。

文例　抹消登記手続請求書

```
　　　　　　　　　通知書

　先にお送りした売買契約解除の通知によっ
て貴殿もご承知の通り、平成○年4月10日
付け下記土地の売買契約は、貴殿の代金不払
いのため、貴殿から受領の手付金300万円
を違約金に充当の上、解除しました。
　これに伴い、来る平成○年5月7日午後1
時、中間金として受領済の金1000万円の
返還のため東京法務局まで持参しますので、
同時に、所有権移転登記の抹消に必要な一切
の書類を私に交付するように通知します。

（土地の表示）
所在　　東京都○○区○○五丁目
地番　　4番3　　　地目　　宅地
地積　　300㎡

　　　平成○年4月25日

　　　　　東京都○○区○○3丁目1番1号
　　　　　通知人　株式会社○○○○
　　　　　　　　　代表取締役　甲山太郎　印

　　　東京都○○区○○2丁目34番5号
　　　被通知人　乙川太郎　殿
```

ワンポイントアドバイス

①買主に所有権移転登記抹消という原状回復を求めるのとあわせて、売主にも原状回復義務がありますので、違約金を除く売買代金を同時に返還することを提示しています。

②債務不履行による解除は損害賠償請求も可能なので、加えて記載することも考えられます。

8 土地売買の予約を本契約にする

予約完結権の行使が必要

■ 予売買の一方の予約の場合の権利行使

　文例は、民法556条1項に規定する「売買の一方の予約」に関して、権利を行使する場合のものです。このような予約完結権を行使する旨の書面には売買の予約が成立した事実、予約完結権を行使して、本契約にする意思表示、予約時に代金額が定まっている場合には、その金額での売買契約が成立することを記載します。売買の一方の予約において、予約完結権の行使期間を定めなかった場合に、予約者に対して、権利を行使する意思の有無を問うことになります（参考文例参照）。

〈参考〉土地売買の予約を本契約にするかどうか確認する

催告書

　貴殿は、下記土地に関し、平成○年12月10日に当社に対し売買の予約をされました。しかし、前記予約日より1年以上が経過したにもかかわらず、貴殿は同権利を行使されていません。貴殿が予約完結権を行使するかどうか判然としませんので、当方の立場は、法律的に非常に不安定なものであります。従いまして、本状到達後10日以内に予約完結権行使の意思の有無を確答して頂きたく、通知致します。また、前記期間内に予約完結権行使のない場合は、民法556条2項により貴殿の予約権は失効します。

1. 土地の表示
　　東京都○○区○○1番25の42
　　地積　150㎡　地目　宅地
2. 予約の内容
　　予約日　平成○年12月10日
　　売買代金　5,000万円

平成○年12月20日

　　　　　　　　　　　　　　　　　　　　　東京都○○区○○1番25号
　　　　　　　　　　　　　　　　　　　　　　　喜田晋太郎　㊞

　　東京都○○区○○2番205
　　増山伸介　殿

文例 売買予約完結権通知書

```
                    予約完結権通知

当社は、平成○年5月1日、貴殿と下記土地に関し、売買の予約を致しました。右予約の内容は、当社が約定代金5000万円で同土地を買い受けるものであります。つきましては、平成○年6月10日付で本件売買予約完結権を行使し、売買契約を成立させて頂きます。また、予約完結権行使の際は、代金の支払と移転登記を同時に履行する旨の約定に従い、7月1日に決済及び登記手続を完了させることを望みます。
1  土地の表示

    (土地の表示については省略)
2  予約の内容
   予約日  平成○年5月1日
   予約完結権行使による土地購入代金
   5000万円
   代金支払と移転登記は同時履行とする。

   平成○年6月10日
                東京都○○区○○1番地1の1
                通知人  株式会社○○○○
                代表取締役  小山内貴文  印
   東京都○○区○○12番25号
   売主  古井出典文  殿
```

ワンポイントアドバイス

①予約完結権の行使により、売買の本契約が成立します。
②不動産売買の予約をする際は、予約完結権行使後の代金支払いと移転登記の履行についても同時に定めておくべきでしょう。

⑨ 手付金放棄による契約解除に異議を申し立てる

相手方がすでに契約の履行に着手していれば解除できない

■ 解約手付の場合が多い

　手付は、契約締結の際に当事者の一方から他方へ交付される金銭その他の物です。不動産売買の場合は、買主から売主に対して、代金額の1割ないし2割程度の金銭が手付金として交付されることが多いようです。手付は、代金とは別のものですが、代金支払いの際に、代金の一部に充当されるのが通常です。

　手付には、最低限、契約が成立したことを証明する役割があります（証約手付）。この他、手付を放棄して、あるいはその倍額を返還して契約を解除できる（解約手付）ことにしたり、契約不履行の場合の違約金に充てる（違約手付）ことにする場合もあります。

　ただし、民法557条により、手付金を放棄することにより、売買契約を解除することが可能なのは、買主は売主が契約の履行に着手するまでとされています。解除に異議を申し立てる場合、売主は、書面に以下のa〜dの内容を記載することになります。特に、cについては、具体的事実を指摘して記載することが重要です。

a 売買契約締結の事実と、その際、買主から手付金の交付があったこと
b 買主が手付放棄による契約解除を主張していること
c 買主の手付放棄による解除の主張時点で、すでに売主が契約の履行に着手していたこと
d 以上より、買主による手付放棄解除は、認められないので、買主は本来の契約を履行するべきこと

文 例 契約解除が認められないことを伝える通知書

通知書

貴殿は、平成○年7月1日、下記土地を当社から2500万円で買い受ける契約を締結し、その際、手付金として50万円を交付されました。しかるに、平成○年7月20日付の内容証明郵便にて、貴殿から右売買契約を手付放棄により解除する旨の通知を受領致しました。しかし、当該手付放棄解除は、下記理由により認められず、本来の契約通り、残代金の支払を請求致します。

記

貴殿が手付放棄解除の意思表示をされた平成○年7月20日の時点で、当社は、下記土地上の工作物の撤去に取りかかっており、これは民法557条に規定する「履行の着手」に該当するため。

（土地の表示）

東京都○○区○○1番2号3番	
地積 300㎡ 地目 宅地	

平成○年7月22日
　　　東京都○○区○○1丁目2番28の2
　　　売主　株式会社○○○○
　　　　　　代表取締役　吉村栄一　印

東京都○○区○○1丁目2番201
買主　碁根田言蔵　殿

ワンポイントアドバイス

①文例は、売買契約締結の際に、買主から売主に手付が交付された事例のものです。
②このケースでは、買主が手付放棄による契約解除を主張したのに対し、売主がそれを認めない旨の主張をしています。

10 登記手続請求と契約解除通告を同時にする

約束を履行しない場合は、契約を解除する

■ 再度文書で履行を求める

　文例は、代金支払いと引換えに移転登記手続を行う土地の売買契約で、相手方に履行を求める文面です。このような場合の書面には、a 売買契約締結の事実、b 売主が当初定めた期日に残代金と引換えになすべき移転登記手続に着手しなかったこと、c 再度設定した日時・場所において、売主が約定通りの決済を行うよう請求すること、d 万一、売主が再度約束を履行しない場合は、当然に契約を解除する旨の意思表示について記載します。また、解除する前に登記請求を内容証明郵便で通知することもあります（参考文例を参照）。

〈参考〉登記請求の通知 ……………………………………………………

通知書

　当社は平成〇年〇月〇日、貴殿が所有する後記土地を買い受ける旨の売買契約を貴殿と締結しました。同契約においては、契約締結後遅滞なく、貴殿が所有権移転登記に必要な一切の書類を当方に交付し、それと引き換えに当方は貴殿に売買代金を支払うこととされております。ところが貴殿は、当方からの再三の請求にもかかわらず、現在に至るまで移転登記に必要な書類の交付をしておりません。つきましてはこの書面をもって、その交付を重ねてご請求致します。

記

　　所在　東京都〇区〇町〇丁目
　　地番　〇〇〇番〇
　　地目　宅地
　　地積　〇〇平方メートル

平成〇年〇月〇日

　　　　　　　　　　　　　　　　　　東京都〇〇区〇〇×丁目×番×号
　　　　　　　　　　　　　　　　　　株式会社〇〇〇〇
　　　　　　　　　　　　　　　　　　　　　　　〇〇〇〇　印

　　東京都〇〇区〇〇△丁目△番△号
　　〇〇〇〇　殿

文例　登記手続請求と共に契約解除について記載する通知書

通知書

　当社は、平成〇年6月10日、貴殿所有の下記土地を4500万円で買い受ける契約を締結しました（契約時に内金として50万円を支払済）。その際の約定によると、移転登記手続は、同年7月10日に武田司法書士事務所にて、残代金と引換に、貴殿が移転登記に必要な書類を武田司法書士に交付することになっておりました。しかし、貴殿が履行しないため、未だ登記手続に着手できずにいます。つきましては、再度、8月1日に前回と同様の方法で残代金の支払と引換に登記手続に必要な書類の交付を請求致します。万一、8月1日に貴殿が約定の履行を怠るときには、本売買契約は、当然に解除されたものとし、既払金の50万円の返還を求めます。

（土地の表示）
所在　〇〇県〇〇市〇〇町12番の251
地積　250㎡　地目　宅地

平成〇年7月20日
　　　　　　〇〇県〇〇市〇〇町25-6
　　　　　　買主　株式会社〇〇〇〇
　　　　　　代表取締役　糸山中太郎　㊞
〇〇県〇〇市〇〇町1番の5
売主　佐竹逸次郎　殿

ワンポイントアドバイス

①文例のケースでは、当初の決済期日に売主が約束を履行しなかったため、買主は、再度、期日を設定し代金支払いと引換えに移転登記手続を行うことを求めています。

②同時に、万一その期日にも売主が約定に従わないときには、買主が本件売買契約を解除する旨を通告しています。

11 家賃の支払を請求する

地主にとってマイナスが大きいので、早期対策が望まれる

■ 地代・家賃は前払いが実情

　地代というのは、土地の借主が土地を利用する対価として、土地の貸主に支払う料金のことです。家賃はおもに居住用の建物の利用料をさします。地代も家賃も賃貸借契約において「借主が貸主に支払う対価」という性質を持つため、一くくりに賃料と呼ばれています。

　地代や家賃の支払時期は、法律上の原則では後払いなのですが、実務上は前払いとされていることが多いようです。一般的には、月末に翌月分の賃料を払うという形がよくとられています。中には、毎月の支払の手間を省くため、数か月分の賃料を一括して前払いすると定めている賃貸借契約もあります。

■ 賃料不払いと解除

　賃貸借契約は、貸主と借主間に信頼関係があることを前提として行われる契約です。そのため賃貸借契約の解除（契約を解消すること）は、貸主と借主との間で信頼関係が破られた場合に認められることになります。

　「借主が数か月賃料を支払わない」というのは、賃貸借契約の解除が認められやすい理由とされています。これは賃料の支払は賃貸借契約を継続していく上での借主の根本的な義務であり、この義務の不履行の事実が重視されるからです。また、支払の滞納は、貸主の賃貸経営にも大きな打撃を与えることになるため、早急に対処する必要があることも解除が認められる理由の一つです。

文例　家賃の支払請求書

　　　　　　　　　通知書

　当社は貴殿に対し、平成○年○月○日より、東京都○○区○○1丁目1番地1号（家屋番号2番、木造瓦葺2階建居宅兼店舗、1階50平方メートル、2階40平方メートル）の建物を下記の条件で賃貸しております。
　しかるに貴殿は、平成○年○月分から平成○○年○月分までの3か月分の家賃合計金○○万円の支払いを怠っております。
　つきましては、本書面到達後7日以内に滞納家賃全額をお支払い下さいますよう、ご請求申し上げます。

　　　　　　　　　記
1　家賃　　1か月金○万円
2　支払期日　翌月分を毎月末日限り

　平成○年○月○日

　　　　東京都○○区○○3丁目3番3号
　　　　株式会社○○不動産
　　　　　　代表取締役　管野真司　印
　東京都○○区○○1丁目1番1号
　川原俊文　殿

ワンポイントアドバイス

①文例は、家主が家賃を支払わない借家人に対して滞納分の家賃を請求するものです。
②文例では「7日」としていますが、借家人にプレッシャーをかける意味でも、支払期日を明記しておきます。

12 駐車料金の支払いを請求する

遅滞している月や金額を具体的に記載すると説得力がある

■ まずは催告する必要がある

　駐車場賃貸借契約は、建物所有を目的とするものではないため、借地借家法の適用はありません。そのため、賃借人の立場は基本的に弱いものとならざるを得ません。

　ところで、賃貸借契約においては賃貸人は賃貸させる義務を負い、賃借人は賃料を支払う義務があります。賃料の不払いは賃借人としての義務を果たしていない事になりますから、債務不履行になります。賃貸人が契約を解除する場合には催告をする必要があります。

　電話や口頭で催促する事もできますが、文書で請求するのがよいでしょう。支払ってほしい旨を強く主張する場合には内容証明郵便で請求することになります。催告書は支払を促す目的をもつと共に、支払がなかった場合の契約解除の条件となります。

　内容証明郵便を出しても効果がなく、話合いで解決するのが難しい場合には訴訟を検討する必要がでてきます。

　なお、賃借人側からすれば、不払いの理由について、「賃貸人が管理者としての義務を怠っているから」という主張をすることがあります。裁判例の中にも、賃貸人の修繕義務が賃料支払以前にあったがこれを履行しないため目的物が使用収益に適した状態に回復しない間は、賃借人は賃料支払を拒絶できるとしたものがあります。

文例　駐車料金の支払請求書

　　　　　　　　　　請求書

　当社は、平成○年○月○日、貴殿との間で次の通り駐車場賃貸借契約を締結しました。
1　賃貸借物件：○○区○○○○丁目○番○号所在の駐車場（普通乗用自動車1台分）
2　賃貸借期間：平成○○年○月○日から平成○○年○月○日まで
3　駐車料：月額金○万円
4　支払方法：前月○日までに翌月分を賃貸人方に持参
　ところが、貴殿は平成○○年○月○日から現在に至るまで4か月分○○万円の駐車料を支払っていません。
　つきましては、本書面到達後7日以内に右駐車料金をお支払い下さるようお願い申し上げます。

　平成○年○月○日
　　　　東京都○○区○○町1丁目1番1号
　　　　株式会社○○不動産
　　　　　　　代表取締役　甲野太郎　印
　東京都○○区○○町2丁目2番2号
　乙野花子　殿

ワンポイントアドバイス

①請求する際には遅滞している月や金額を具体的に記載する必要があります。契約書の条項などを具体的に持ち出すとより説得力がでてきます。
②契約の解除も考えている場合、支払いがない場合に解除する旨を記載すると二度手間を防げます。

13 貸主が借主に家賃の値上げを申し入れる

事情が変更した場合に、賃料の増減が認められる

■ 物価上昇分についての値上げ

　地代や家賃といった賃料は、事情が変更したという理由で、賃料を増やしたり減らしたりすることが認められています。地価の値上がりや固定資産税などの税金・経費の増額といった事情が生じた時に値上げが行われることが多いようです。このような賃料の金額の変更が認められるのは、以下のような正当な理由がある場合に限られます。

・税金など、土地や建物にかかる経費の増加があった場合
・経済事情の変動によって物件の価値が大きく変化した場合
・近隣の同種の賃料と大きな差がある場合

　ただ、賃料の値上げや値下げは、貸主と借主との間で利害が相反する問題であるため、すんなりと話が通らないことも多く、トラブルも頻繁に起っています。そのため、中にはあらかじめ契約書に「何年経過した後は家賃を〇円値上げする」というように明記し、年数が経つごと値上げをする額を決めてしまっている場合もあります。賃料の値上げに正当な理由があれば、値上げをすることに対して、借主からの同意は必要ありませんが、借主がいつも値上げに納得してくれるとは限りません。同意を得られなかった場合、貸主と借主の間で賃料の交渉を行うことになるのですが、そこでも折り合いがつかないとなると、訴訟や調停に発展するおそれもでてきます。

　もし、訴訟ということになれば、最終的な賃料は裁判によって決定されることになります。裁判でも値上げの理由が客観的かつ正当性のあるものであるかが争点となるでしょう。

文例　家賃の値上げ申入書

通知書

当社は貴殿に対して、平成○年○月○日より、東京都○○区○○1丁目1番1号（家屋番号5番、木造瓦葺平家建、床面積50平方メートル）の建物を家賃1か月金10万円で賃貸しております。

早いもので、賃貸をはじめてからすでに4年余りが経過し、その間物価は上昇して、固定資産税等の租税公課も増額されております。

つきましては、家賃を平成○○年○月分から、1か月金12万円に値上げさせて頂きたいと思いますので、宜しくお願い致します。

平成○年○月○○日
　　東京都○○区○○2丁目2番2号
　　株式会社○○不動産
　　　　　　　　　梅川淳司　印
東京都○○区○○1丁目1番1号
吉田三蔵　殿

ワンポイントアドバイス

①文例は、賃貸から4年を経過した後、家主が借家人に対して家賃の値上げを通知するものです。
②文例では物価や租税の増額を家賃の値上げの理由にしていますが、このような具体的な理由を明記することが大切です。

14 借地人が供託した供託金を地主が受け取る

> 供託金を受領する際に新賃料として認めたわけではない旨を必ず示す

■ 賃料を供託する際の注意点

　賃貸人と賃借人の間で、賃料についてトラブルが生じた場合に、賃借人が賃料の供託をすることがあります。供託は、賃料の支払地（賃貸人に持参していれば賃貸人の住所地）にある法務局・地方法務局及びその支局・出張所で行います（供託所）。賃料について当事者間に協議が調っていない間でも、賃借人としては、賃料を供託していれば賃料の不払いということにはなりません。

　ただし、最終的に賃料が確定した場合には、供託していた金額と新賃料との間に差額があるときは、その不足額に年10％の割合による利息をつけて支払わなければなりません。

　賃料の増減について当事者間で折り合いがつかず、賃料を供託された賃貸人としても、賃料が供託されたままでは困ります。そこで、供託金を供託所から受け取らなければなりません。

　供託所から供託金を受け取るには、供託金払渡請求書と印鑑証明書などの添付書類が必要となります。

　ただし、無条件に供託金を受領すると、新賃料として受領したといわれかねません。ですから、賃貸人にあくまでも賃料値上げの意思があるのなら、供託金を受領する場合には、賃貸人が供託した賃料を新賃料として認めたわけではない旨を、必ずつけ加えておくことが大切です。具体的には、家賃の一部として受けとる旨の記載をします。

　文例は、賃貸人が賃借人に異議を述べると共に供託金を受領するための書面です。

文例　供託金を受け取った旨の通知書

通知書

当社は、貴殿に下記1の土地を下記2記載の賃貸借契約に基づき、賃貸しております。しかるに、平成○年6月20日に同年8月分の賃料から毎月5万円の増額を請求したところ、貴殿はそれに応じず、同年8月分の賃料に関し、従来の賃料相当額を供託した上、その旨を8月1日に通知されました。当社は、上記賃料の増額を現在も継続的に請求しております。しかし、貴殿が供託された金員は増額後の賃料に充当される点を留保して受領致します。

記

1　賃貸借の目的土地
　所在　東京都○○区○○1丁目25番
　地目　宅地　　地積　120㎡
2　従来の賃貸借契約の表示
　締結日　平成3年5月1日
　賃料　毎月15万円（その月の初日払い）

平成○年8月5日
　　　東京都○○区○○1丁目78番
　　　株式会社○○不動産
　　　　　代表取締役　多野捕蔵　印
東京都○○区○○1丁目25番
　賃借人　高久摺菜　殿

ワンポイントアドバイス

①記載すべき事項として、a賃貸借契約の内容、b賃貸人による賃料増額請求がなされていること、があります。

②また、賃借人が供託した金銭は、賃貸人が受け取った後、「増額した賃料」に充当することの意思表示についても記載します。

15 家主が借家人の家賃滞納のため契約を解除する

賃料支払いが1〜2か月遅れても解除は認められない

■ 請求の際の「相当な期間」は1〜2週間

　借地人や借家人が、契約で定められた時期に賃料や地代を支払わないことは、債務不履行にあたりますので、契約解除の原因になります。

　地主や家主が賃料の滞納を理由に契約を解除する場合には、一般的には、相当の期間を定めて滞納賃料の支払いを催告し、その期間内に履行がなされないときには、改めて賃貸借契約の解除を通知します。

　なお、請求の際の「相当な期間」としては、1〜2週間程度の期間をとっておくのがよいでしょう。あまりに短い期間を定めると、相当な期間を定めた催告とはいえないとして、新たなトラブルの種になりかねません。

　ただし、一般には、賃料の支払いが1、2か月分遅れた程度では、当事者間の信頼関係が破壊されたとはいえないとして、契約解除は認められていません。

■ 支払の催告と解除通知を同時にする

　賃料の滞納を理由に契約を解除する場合でも、滞納賃料の支払いの催告と解除の通知という2度の手間をかけない通知も可能です。指定した期間内に滞納賃料を支払うべき旨と、その期間内に支払いがなされない場合には、改めて通知しなくても解除する旨をあわせて書いておきます。この場合には、賃借人が賃料不払いのまま指定した期間が経過することによって、契約解除の効果が生じます。

文例　家賃滞納による契約解除の通知書

　　　　　　　　　　通知書

　当社は貴殿に対し、後記の通りの条件で、当方所有の後記の建物を賃貸しておりますが、貴殿は、平成○年○月分から平成○年○月分までの賃料3か月分、合計金○○万円の支払いを怠っております。つきましては、本書面到達後7日間以内に滞納額全額をお支払い下さいますよう、ご請求申し上げます。
　もし、右期間内にお支払いのない場合には、あらためて契約解除の通知をなすことなく、右期間の経過をもって、貴殿との間の本件建物賃貸借契約を解除致します。

　　　　　　　　　　　記
1　　賃貸物件
　　東京都○○区○○1丁目1番1号
　　家屋番号5番
　　木造瓦葺2階建居宅兼店舗
　　床面積　　1階　　50平方メートル
　　　　　　　2階　　40平方メートル
2　　家賃　　　1か月金○○万円
3　　家賃支払期日
　　翌月分を毎月末日限り支払う
（以下、差出人・受取人の住所・氏名省略）

ワンポイントアドバイス

①文例は、3か月家賃を滞納している借家人に対して、滞納分の家賃の請求と支払わない場合の解除通知をあわせて行うものです。

②法律上は無催告での解除は原則として認められていませんので、文例のように家賃請求とあわせて解除通知を行うのが得策でしょう。

16 契約に定めのある解除権を行使して契約を解除する

契約が履行されない場合の助け舟

■ 解除とは

相手が債務を履行せず、債務を履行するように催告をしたがそれでも履行しない場合に契約解除をする、という意思表示を行うことができます。後々のトラブルを避けるために、履行の催告と解除の意思表示は書面で行い、これを配達証明つきの内容証明郵便で郵送するのがベストです。契約が解除された後でも、債務不履行によって発生した損害賠償を相手に請求することができます。

■ 契約解除の条件とは

いったん結ばれた契約でも、状況によっては契約が解除となることがあります。このように、契約が解除される場合には大きく分けて2つの事由があります。

1つは、契約を結んだどちらかが一方的に契約を解除する場合（法定解除）で、もう1つは、当事者があらかじめ契約で定めておく場合（約定解除）です。また、約定解除と似たもので契約の当事者同士で話し合い、その契約をなかったことにするという合意解除というものもあります。売買契約などでは、買主が諸事情などにより商品の購入を取りやめたくなった場合に解除ができるように、お互いの解除権を認めておくことがあります。「当事者双方は、契約締結後××日間はこの契約を解除できる」などとあらかじめ明記しておきます。

文例 解除権を行使して契約を解除する通知書

賃貸借契約解除の通知

平成○年4月1日、当社と貴社の間で締結した賃貸借契約に基づき、私は貴社より同契約対象物件を賃借していますが、同契約書第8条第2項により、期間満了前ではありますが、この契約を解約させて頂きますことをご連絡申し上げます。

前記条項の定めによれば、本書到達から6か月後に契約は終了となりますので、同日までに明け渡す準備をさせて頂きます。明け渡しの際には、同じく同条同項の規定にしたがって返還する保証金についてもお支払い下さいますようお願い申し上げます。

平成○年8月20日

　　　東京都○○区○○1丁目2番3号
　　　株式会社○○コンサルティング
　　　　　　代表取締役　乙川二郎　印

東京都○○区○○2丁目3番4号
株式会社○○不動産
代表取締役　甲野一郎　殿

ワンポイントアドバイス

①文例からは、契約期間中途での自己都合による解約の事例と考えられるので、全体としては攻撃的、断定的ではなく、丁寧な文体の方がよいでしょう。
②また、文例の最後は、相手方の立場に立ち、保証金の準備についても間接的にうながしています。

17 期間の定めのない契約の解除通知に反論する

拒絶の意思表示をきちんとすることが望まれる

■ 借地借家法に規制がある

　期間の定めのない契約の場合、期間がないのですから、契約の更新という問題は生じません。期間の定めのない建物賃貸借契約を終了させる場合には、賃貸人が解約の申入れをし、申入日から6か月を経過することによって契約が終了することになります（借地借家法27条1項）。

　期間の定めがある建物賃貸借契約において、賃貸人が契約の更新を望まないときは、期間満了の1年前から6か月前までの間に、賃借人に対して更新拒絶の通知をしなければなりません。この通知をしないと従前の同一条件で更新したものとみなされ、更新後の契約期間は定めのないものとなります（26条1項）。また、更新拒絶の通知後、契約期間が満了したにもかかわらず、賃借人が建物使用を続けるときは、遅滞なく異議を述べないと上記同様に契約を更新したとみなされます（同条2項）。これは転借人との関係でも同じです（同条3項）。

　更新拒絶の通知をしても必ず更新を拒絶できるとは限りません。賃貸人および賃借人が建物を必要とする事情、それまでの建物使用の経過や利用状況、現況、立退料の有無・金額などを考慮して、正当な事由があると認められる場合に更新拒絶が認められます（28条）。

　文例は、借主が、契約継続を希望しており、解除通知に対して異議を申し伝えたものです。a明確に異議があること、b貸主側に正当事由が欠けていることを書くことがポイントになります。

文例　解除通知に対する異議申立書

　　　　　解除通知に対する異議申立書

　平成○年4月1日付文書によって、貴殿より店舗の賃貸借契約の解除の通知を受けましたが、異議があるので申し伝えます。
　貴殿は解除の理由として、貴殿のご子息が同店舗でレストランを開業するためとされておりますが、貴殿は他にも店舗用不動産をお持ちで、ことさら当該物件で開業しなければならない理由は見当たりません。
　他方、当社は同店舗にて地域密着の営業を展開して支持を得ており、この地での営業は経営の基盤とも言える状況です。これらの他、立退条件等を考慮しても貴殿の申し入れは正当な理由にはあたりません。契約は継続されますので、明け渡し要求には応じられない旨ご了解下さい。

　平成○年8月20日
　　東京都○○区○○1丁目2番3号
　　株式会社○○サービス
　　　　代表取締役　乙川二郎　　印

　東京都○○区○○2丁目3番4号
　株式会社○○不動産
　　代表取締役　甲野一郎　殿

ワンポイントアドバイス

① 拒絶意思の表明と共に、代替店舗の提供など、話合いに応じるための条件があればそれを書くことも考えられます。
② 一般的に、拒絶の意思を明確に伝えることが重要な場合、文例のようにそれを先に示して、後に理由を記した方が相手には伝わりやすいといえます。

18 賃貸人が定期借家契約を終了させる

定期借家契約は契約更新のない建物賃貸借である

■ 更新が原則だが一定期間内に更新拒絶を通知すればよい

　借地借家法では、建物の賃貸借契約は、更新することを原則としています。期間の定めがある場合でも、賃貸人または賃借人が、期間満了の1年前から6か月前までの間に、相手方に対して更新しない旨の通知、または条件を変更しなければ更新をしない旨の通知をしなかったときは、これまでの契約と同一の条件で契約を更新したものとみなされます（法定更新）。この場合は、あらためて当事者が期間について合意をしない限り、期間の定めのない賃貸借となります。

　賃借人から更新の拒絶をする場合には特に問題はないのですが、賃貸人から更新の拒絶をする場合には、正当事由を備えることが必要とされています。賃貸人としては、正当事由がある場合に、期間満了の1年前から6か月前までの間に更新拒絶の通知をした場合に、はじめて賃貸借を終了させることができるわけです。

■ 定期借家契約の特色

　賃貸借契約終了後に契約の更新を予定しない定期借家契約という制度も存在します。定期借家契約の場合、借家契約の期間満了によって、賃借人が目的の家屋を明渡して賃貸人に返還することになります。この契約は、公正証書（公証役場で、公証人によって作成される公文書のこと）などの書面によらなければならず、あらかじめ書面で、賃借人に更新されないことを告げることになっています。

文例　定期借家契約の終了通知書

通知書

　当方は貴殿に対して、東京都○○区○○2丁目2番地家屋番号20番（木造瓦葺平家建居宅、床面積52平方メートル）所在の建物を定期借家契約にて賃貸しております。
　本契約による賃貸期間は、平成○○年12月31日をもって満了し、定期借家契約は終了致しますが、契約は更新されません。
　つきましては、賃貸期間満了のときに、右建物を明け渡して下さるよう、お願い致します。

　　　平成○年○月○○日
　　　　東京都○○区○○1丁目1番1号
　　　　株式会社○○不動産
　　　　　　代表取締役　甲野太郎　印
東京都○○区○○2丁目2番地家屋番号20番
　　　乙野二郎　殿

ワンポイントアドバイス

①定期借家契約は期間の満了をもって終了するので、家主から借家人への立退料の支払いは不要です。

②家主・借家人双方が合意すれば契約を延長することも可能ですので、再契約を拒否する旨を明確にしておくのがよいでしょう。

19 貸主が建物賃貸借契約の更新を拒絶する

「正当事由」の判断は建物の現況など諸般の事情を考慮する

■ 遅滞なく異議を述べないと更新されてしまう

　建物の賃貸借の契約期間が満了することを機に、契約を打ち切りたい、つまり、契約の更新はしたくないという場合に、家主が借家人に送る更新拒絶の文例です。この通知は、期間が満了する1年前から6か月前までの間に通知しなければなりません。ただし、この場合であっても、期間満了後にも借家人が建物の使用を継続しているときには、遅滞なく異議を述べておかないと、契約が更新されたものとみなされます。

　賃貸人が更新を拒絶する際に「正当事由」があるかどうかについては、賃貸人及び賃借人が建物の使用を必要とする事情の有無を中心に判断されますが、その他に、建物賃貸借に関するこれまでの経過、たとえば、どの程度契約関係が継続しているのかとか、更新料の支払いがあったのかどうか、賃料不払いがなかったか、といった事情や、建物の利用状況、つまり住居として利用しているのか店舗として利用しているのか、といった事情、さらに、建物が老朽化していて建替えが必要なのかどうかというような建物の現況が考慮されます。また、立退料支払いの申し出があったのかとか、代替建物の提供の申し出があったのか、といった事情も考慮されます。

　更新拒絶の通知には、正当事由となるべき事情を記載することは、必ずしも要求されているわけではありませんが、できるだけ詳しく書いておいた方が、賃借人の理解が得られやすいでしょう。

文例　賃貸借契約の更新拒絶通知書

```
通知書

　当社が現在貴殿に賃貸している物件、○○アパート（○○県○○市○○町8-11-201）は、前回ご説明した通り、築70年を過ぎ、老朽化の程度が著しく、耐震補強を必要としている状況にあり、大規模修繕又は建替えを検討しております。
　つきましては、誠に恐縮ではありますが、来たる平成○年10月31日付けで終了する貴殿との賃貸借契約の更新を拒否致したく思い、その旨をご通知申し上げます。
　なお、当社と致しましても、貴殿に対し、立退料○○○万円をお支払い致しますので、事情をお汲み頂き、期日までに物件を明け渡して下さいますようお願い申し上げます。

　　平成○年○月○日
　　　　○○県○○市○○町1-8-9
　　　　株式会社○○不動産
　　　　　　　　　　井田庄一郎　印
○○県○○市○○町8-11-201
木村一之　殿
```

ワンポイントアドバイス

①借地借家法により借家人の保護が図られているため、家主の更新拒絶が認められない限り、従前と同じ条件で契約が更新されることになります。

②更新拒絶の文書を送付する場合、とくに契約期間満了の日付、拒絶の理由（物件の利用理由）などを明記し、借家人の理解を得られるように配慮しましょう。

【監修者紹介】

奈良　恒則（なら　つねのり）
中央大学卒業。平成11年弁護士登録。平成18年東京自由が丘にKAI法律事務所創設。使用者側労働法務、会社法務、一般民事を主に扱う。使用者の信頼できる顧問弁護士として活躍している。著書に『合同労組・ユニオン対策マニュアル』（日本法令刊）がある。

KAI法律事務所
〒152-0035　東京都目黒区自由が丘1-7-15
ベルテ・フォンタン3F　（東急線自由が丘駅南口徒歩1分）

＊ホームページ
http://www.komon-bengoshi.jp/

事業者必携
ビジネスで活かせる
内容証明郵便　最新109文例

2012年9月10日　第1刷発行

監修者	奈良恒則
発行者	前田俊秀
発行所	株式会社三修社
	〒150-0001　東京都渋谷区神宮前2-2-22
	TEL　03-3405-4511　FAX　03-3405-4522
	振替　00190-9-72758
	http://www.sanshusha.co.jp
	編集担当　北村英治
印刷・製本	壮光舎印刷株式会社

©2012 T. Nara Printed in Japan
ISBN978-4-384-04516-1 C2032

Ⓡ〈日本複製権センター委託出版物〉
本書を無断で複写複製（コピー）することは、著作権法上の例外を除き、禁じられています。本書をコピーされる場合は事前に日本複製権センター（JRRC）の許諾を受けてください。
JRRC（http://www.jrrc.or.jp　e-mail：info@jrrc.or.jp　電話：03-3401-2382）